日本百名虫

フォトジェニックな虫たち

One Hundred insects
of Japan
Shingo Sakatsume

坂爪真吾

文春新書
1415

はじめに

日本は昆虫の国である。全国各地に200以上の昆虫同好会があり[1]、昆虫をテーマにした月刊誌が半世紀以上にわたって刊行され、ホームセンターで当たり前のように虫かごや捕虫網が売られており、カブトムシやクワガタムシの採集・飼育・繁殖《はんしょく》法を解説した雑誌が書店に並んでいる国は、世界広しといえども、我が国だけである。

昆虫に関する書籍も数え切れないほど出版されている。近年は図鑑やハンドブックの種類も充実し、一昔前は誰も知らなかったような種でも、調べれば名前がわかるようになった。それぞれの昆虫が持っている「すごい」「ヤバい」「地味な」「残念な」生態も、愉快《ゆかい》なイラストや美しい写真・動画で手軽に知ることができるようになった。

しかし、昆虫が持っているのは、名前と生態だけではない。全ての昆虫は、その発見にまつわるドラマ、採集者や研究者の武勇伝《ぶゆうでん》、収集家や飼育者の苦労話など、一言では語り尽くせない歴史を持っている。

しかし、それぞれの昆虫がどのような歴史を持っているか＝いつ・どこで・誰によって発見され、どのような物語や逸話《いつわ》を持っているのかについては、図鑑やハンドブックにはほとんど載《の》っていない。載っているのは名前・生態・全長・分布・発生時期程度である。

そうした情報だけでなく、個々の昆虫が持っている歴史、その背景にある人間との関わりを知ることができれば、より昆虫に対する理解と関心を深めることができるはずだ。

こうした考えに基づき、本書では、国内に生息する昆虫の中で特筆すべき歴史を持っているものを１００種選定し、「日本百名虫」としてまとめた。

百名虫の選定基準は、以下の３つである。

第一の基準は、歴史のある種であること。古くから多くの昆虫愛好家や研究者の関心を集めてきた種、後世に語り継がれるべき興味深い逸話を有している種、図版や専門書・エッセイなどの参考文献が豊富な種を中心に選んだ。

第二の基準は、個性のある種であること。無論、全ての昆虫にはそれぞれ個性があるが、その中でも生態や形態に際立《きわだ》った個性、さらに言えば「品格」のある種を選んだ。

第三の基準は、採集可能な種であること。法律で全国一律に採集が禁止されている天然記念物（文化財保護法）と国内希少野生動植物種（種の保存法）は除外した。採集可能であることを基準にした理由は、調査・研究・保全など、昆虫にまつわる全ての営みを支える基盤となっているのが採集であるからだ。詳細は、本文中で随時《ずいじ》述べていく。

付加的な条件としては、なるべく日本固有種を優先し、特定外来生物（外来生物法）に指定されている種は除外した。カイコやミツバチのように家畜化されている種、農業害虫として駆除《くじょ》の対象になっている種も原則除外した。なるべく特定の目《もく》や生息地に偏《かたよ》らないよう、全体のバランスを考慮して選定を行った。

本巻『フォトジェニックな虫たち』では、不完全変態の昆虫と水生・肉食性の甲虫、別巻『ドラマティックな虫たち』では、草食・菌食性の甲虫とチョウ・ガの仲間などを中心に、それぞれ50種ずつ紹介している。読者の興味のある種や仲間が載っているページから読んで頂いて構わない。

知られざる百名虫の世界を堪能《たんのう》した後は、ぜひ本書を片手にフィールドに飛び出し、北海道から沖縄まで、各地に散らばる名虫たちを探しに行ってほしい。

『日本百名虫　フォトジェニックな虫たち』◎目次

■別巻に所収の昆虫51〜100

1

オオシロカゲロウ

儚《はかな》さは正義

　毎年9月上旬〜中旬頃の日没後、橋の上の道路にて、猛吹雪のようにドライバーや通行人の視界を覆《おお》い隠《かく》すほどの大量の昆虫が飛び交うことがある。テレビやSNSの動画でその光景を見たことがある人も多いだろう。

　その正体は、オオシロカゲロウだ。15〜20ミリほどの大きさだが、カゲロウの中では日本最大級の種である。本州の比較的大きな河川の中・下流域に広く分布している。1928年に発表された志賀直哉の短編『豊年虫』にも登場する。本種が大発生すると、その年は豊作になるという言い伝えがある。

　1924年に記載されて以来、滅多《めった》に見つからない珍種とされていたが、ダムや河《か》口堰《こうぜき》の建設に伴って1970年代から各地で大発生が報告されるようになった。それ

夜、闇の中を飛翔する成虫。

から現在に至るまで、50年間に渡って調査・研究が行われている。矢作川《やはぎがわ》の流れる愛知県豊田市の平戸橋では、道路一面を覆い尽くす本種の死体や卵塊の油によって、車がスリップすることもあったという。まさに秋に降る雪のような昆虫だ。これだけ成虫が大量発生するにも関わらず、幼虫がなかなか採集されなかったため、長年「幻の幼虫」と呼ばれていた[ii]。幼虫は20ミリ前後で、突出した大顎《おおあご》を持ち、砂の底にU字型の穴を掘って、デトリタス（微小な生物の死骸やフン）や藻類《そうるい》を食べて育つ。

　カゲロウ目の学名「*Ephemeroptera*」は、「一日限りの翅《はね》をもつもの」という意味である。オオシロカゲロウは、成虫になってからわずか1〜2時間で死んでしまう。餌《えさ》も取らない。メスの脚はそもそも機能しておらず、どこにも止まれないし、歩けない。地面に落ちた時点で、再び空に舞い上がることはできなくなる。水面で羽化して夕暮れの空に飛び出し、空中でオスと交尾し、そのまま再び水面に降下し、全卵を一斉に放出して死ぬ、というブーメランのような一生である。

　地域によっては、メスのみで単為生殖する個体群も知られている。何も食べず、交尾すらせずに、生まれて数時間でこの世から消えてしまう。志賀直哉は『豊年虫』

の中で、「生きてゐるうちからこの虫の身体は腐れて行くのかも知れぬ」と記している。

儚さの象徴であるカゲロウは、古来より様々な文学や歌に描かれてきた。しかし、カゲロウにとって、儚さは美学ではなく、弱者の研《と》ぎ澄まされた生存戦略である。

カゲロウの大発生は、敵に捕食されることを前提にしている。カゲロウには鋭い牙もなければ尖《とが》った角《つの》もない。甲虫のように硬いボディも持っておらず、指でつまむだけで簡単に潰《つぶ》れてしまう。トンボのように俊敏に飛んで逃げることもできない。どうせ食べられるのならば、敵が食べきれないほどの数で一斉に羽化したほうが、子孫を残せる確率は高まる。生きている数時間の間だけ水分を保持できれば良いのだから、外骨格も最低限の薄さで良い。

何の武器も毒も持たない弱々しいカゲロウが、太古の昔から現代まで生き残ってこられたのは、自らの弱さと儚さを武器に変えることができたからだと言える。

毎年秋に繰り返される橋の上での大量発生は、地元のドライバーや通行人にとっては迷惑以外の何物でもないが、彼らが巻き起こす一晩限りの秋の猛吹雪は、「儚さは正義」であることを世に知らしめるための、最初で最後の自己主張なのかもしれない。

2

ムカシトンボ

1億と2000万年経っても愛してる

ムカシトンボは、１９１７年に創立された日本昆虫学会のシンボルマークにも採用されている、まさに日本を代表する昆虫の一つである。オニヤンマのような黄色と黒のカラーリングで、図鑑で見るとかなり大きい種のように思えるが、実際はアキアカネより少し大きい程度＝50ミリ前後の中型種である。

トンボ目は昆虫の中でも最も古い起源を持つ分類群であり、今から1億２０００万年以上前の中生代ジュラ紀にも栄えていた。本種はその時代を生きていた化石トンボ類に似た原始的な形態をしていることから「ムカシトンボ」と名付けられた。これまでは日本とヒマラヤでしか発見されていなかったが、２０１１年に中国でも発見され、大きな話題になった。

オオサンショウウオと並ぶ、日本固有の

羽化した直後の成虫。

「生きた化石」として非常に有名な種であり、昆虫好きの子どもに「生きた化石と呼ばれている昆虫は？」と問えば、「ムカシトンボ！」という答えがすぐに返ってくるだろう。

しかし、その圧倒的な知名度とは裏腹に、この「生きた化石」の生きている姿を実際に見たことのある人は、かなり少ないのではないだろうか。本種の発生時期は晩春〜初夏の短い期間であり、子どもたちが夏休みに入る7月下旬には、その姿は完全に消えてしまう。

本種と出会うためには、生息地である山奥の涼やかな源流域まで行く必要があるが、源流域であればどこにでもいるというわけでもない。北海道から九州まで広く分布しているが、生息地は局所的であり、観察できるポイントが数えるほどしか知られていない県もある。そのため、まず地元でトンボの保護活動をしている研究者や愛好家と友だちになるか、地元にある昆虫同好会会報のバックナンバーを丹念に調べるなどの労力が必要になる。

苦労して生息するポイントを探し当てたとしても、ムカシトンボはそんな人間の苦労をあざ笑うかのように高速で飛翔《ひしょう》し、弾丸のように渓流《けいりゅう》の彼方《かなた》へと飛び去ってしまう。

同じく原始的なトンボであるムカシヤンマは、飛んでもすぐに地面にベタッと止まり、素手でも採れてしまうほど動きが緩慢《かんまん》だが、ムカシトンボは飛翔力が強く、なかなか草木や地面に止まってくれない。発生時期のピークも短いため、一度採り(撮り)逃してしまったら、続きはまた一年後になってしまう。「生きた化石」の生きている姿を拝《おが》むのは、決して楽ではない。伊《だ》達《て》に1億２０００万年以上前から生き残ってきたわけではない、ということか。

１８８９年に記載されて以降、40年近く幼虫が発見されていなかったが、昭和４年(１９２９年)、後に日本昆虫学会の会長を務める江崎悌三氏が京都の貴船川で世界２例目となる幼虫の採集に成功した[iii]。ムカシトンボの幼虫は、他のトンボの幼虫とは違って泳ぐことができない。そして羽化の1ヶ月ほど前に上陸するという珍しい習性がある。幼虫期間は5~8年と、他種に比べて圧倒的に長いことも特徴である(アキアカネは3~6ヶ月、オニヤンマは3~4年)。

本種は山梨や群馬、三重や長崎などで絶滅危惧種になっている。「生きた化石」が「生きていた化石」という過去形になってしまわないよう、生息地の保全と共に、1億年の時を超えたムカシトンボへの愛を育み続けていきたいものだ。

3 マルタンヤンマ

ミネルヴァの蜻蛉《とんぼ》は黄昏《たそがれ》に飛び立つ

ギンヤンマなどのヤンマの仲間は、その巨大さ、力強さ、そして矢のような速さで飛ぶ姿から、昔も今も昆虫好きの子どもたちの心を捕らえて離さない。

古来、日本は秋津《あきつ》洲《しま》と呼ばれていた。「あきつ」とはトンボのことを指す。稲の収穫期である秋、空一面に舞うトンボは、五穀豊穣《ごこくほうじょう》の象徴であった。

そんなトンボの島である日本には、23種ものヤンマが生息している。その中には、水色の斑《まだら》模様を持つマダラヤンマや、オスが瑠璃《るり》色の斑紋を持つ大型種・オオルリボシヤンマなど、ギンヤンマを凌《しの》ぐ美しさを持つ種も多い。

そんな綺麗なヤンマは、子どもの頃、そして大人になってからも、一度も見たことがない、一体どこにいるのだ、という人も多いだろう。ヤンマの語源は「ヤマトン

草陰で静止するオスの成虫。

ボ」という説があるが、人目につかない山奥に生息している種が多いから見つけづらい……というわけでもない。一番の理由は、彼らの飛翔する時間帯にある。

　日中に飛び回るギンヤンマとは異なり、ヤンマの美麗種の中には、早朝や薄暮《はくぼ》時に飛翔する、いわゆる「黄昏活動性」が強い種がいる。日の出前や日没後にトンボを採りに行く、という発想はなかなか出てこないので、出会う機会がなかったのであろう。

　黄昏に飛ぶヤンマの中でも屈指《くっし》の美麗種が、マルタンヤンマである。その名はフランスのトンボ学者・マルタン（R. Martin）に由来する。オスの体長は65〜84ミリで、成熟すると全身が複眼に至るまでコバルトブルーに染まる。日本に生息する青い昆虫の中では、ルリボシカミキリと双璧をなす美しさだ。開けた谷間の上空を、一直線に高速飛翔する姿は、まさに青の霹靂一閃《へきれきいっせん》！　である。

　産卵活動を行うメスは比較的観察しやすいが、オスの観察は難しい。日中に木陰《こかげ》で休止している個体を探すという方法もあるが、そう簡単には見つからないため、多くの愛好家が苦戦を強いられている。

　マルタンヤンマは、東北地方から奄美大島にかけて全国各地に分布している。安定した多産地は多くないとされていたが、東京都内でも、緑豊かな皇居をはじめ、杉並区の善福寺川沿い、さらには高層ビルの立ち並ぶ渋谷区や品川区など、「まさかそんなところに」と驚くような場所で観察されることがある。わざわざ遠方の渓谷や湿原まで探しに行った夢のヤンマが、山手線やメトロで行ける場所に飛んでいたら、さぞショックだろう。

哲学者のヘーゲルは「ミネルヴァの梟《ふくろう》は黄昏に飛び立つ」と語った。時代を生きるために必要な知恵や学問は、いつもその時代がほとんど終わってしまった頃に現れる、というような意味の言葉だ。

ヤンマの黄昏飛翔性を含めて、大人になってから昆虫の生態を学ぶと、「子どもの頃に知っていれば、もっと採れたのに……！」と悔しく思うことも少なくない。後の祭りではあるが、完全に日が暮れた＝人生が終わったわけではない。学校が休みの日に徒歩もしくは自転車で移動するしかなかった子どもの頃に比べて、大人には最短かつ最速の交通手段を選べる経済力、そして有給休暇がある。まだ間に合うはずだ。

しばしの間、スマホの電源を落としてネットの接続を切り、もう一つのネット（捕虫網）を手にして、黄昏の野山、あるいは都会に残っている水辺に「青の霹靂」を探しに行こう。

4 ハッチョウトンボ

世界最小のフォトジェニック

トンボは昆虫界のフォトジェニックである。優雅に宙を舞うチョウトンボや、渓流の木漏《こも》れ日の中で金属光沢を放つカワトンボの仲間など、写真を撮らずにはいられなくなるような種、インスタ映えしそうな種が目白押しだ。初夏の短い時間だけに現れる北海道の美麗種・カラフトイトトンボや、「赤くならない赤トンボ」として有名な日本固有種・マダラナニワトンボなど、特定の種の撮影を狙って遠征をする愛好家も多い。

トンボの美しい色は、標本にするとほとんど残らない。吸い込まれそうな美しさを持つ複眼も、死後はあっという間に変色して、見る影もなくなってしまう。

そしてトンボは飼育・繁殖が極めて難しい。餌の供給が困難であり、幼虫は共食いする。成虫の人工交配が難しく、室内では

オスの成虫は、全身が鮮やかな赤色に染まる。メスは地味な茶褐色である。

なかなか卵を産まない。こうした理由で、継代飼育されている種は極めて少ない。人の手では管理できない結果として、野外での撮影や生態観察が発展したといえる。

そうした中で、多くの撮影者や愛好家を惹《ひ》きつけている種が、ハッチョウトンボだ。全長は17～21ミリ程度で、1円玉程度のサイズしかない。日本のみならず、世界的に見ても最小のトンボの一つであり、本州から九州にかけて広く生息する。

「ハッチョウ」という変わった名前の由来には諸説あるが、江戸末期の尾張《おわり》の本草学者である大河内存真《おおこうちそんしん》が『蟲類写集』にて、「矢田鉄砲場八丁目（現在の名古屋市・矢田川周辺）にのみ発見せられ、その為にハッチョウトンボの名を有する」と記している。

ハッチョウトンボは、モウセンゴケやミミカキグサ、サギソウやトキソウの生育する湿地や湿原に生息する。ただ、湿地であればどこでも良いというわけではなく、水深が浅く、1年を通して水が涸《か》れない場所があることが必要になる。魚や他の水生昆虫が多数生息している場所では、体の小さいハッチョウトンボのヤゴはあっという間に捕食されてしまう。そのため成虫は、魚の入りづらい、水深3～5センチ程度の場所を選んで産卵する。

昔は水田にも多くのハッチョウトンボが生息していたが、現在は冬の間に田の水を抜くようになったため、水田では見られなくなった。その一方で、ダムの工事現場の近くや採石場の跡地など、意外な場所で見つかることもある。

そもそも自然状態では、湿地は放っておけば植生遷移《せんい》によっていつか消滅する。湿地の植物は貧栄養で育つものが多いが、秋から冬に枯れる草をそのまま放置しておくとそれらが腐り、富栄養化する。そしてそれらが堆積することで陸地ができ、湿地は低木林へと遷移していく。かつては、植生遷移によって湿地が消滅しても、山崩れや川の氾濫によって、常に新しい湿地が生み出されていた。しかし、治水技術の進歩により、山崩れや河川の氾濫はそう起こらなくなった。結果的に、湿地はどんどん減少していっている。

こうした現状を受けて、各地でトンボの生息地である湿地を守る・増やす試みが行われている。新潟県におけるハッチョウトンボの産地の一つである阿賀町のたきがしら湿原も、水田の跡地を利用して人工的に作られた湿原である。「世界最小のフォトジェニック」に舞い降りてもらうために、これからも湿地という名の晴れ舞台を維持していく必要がある。

5 クギヌキハサミムシ

樹上の工具

子ども時代、ダンゴムシと並んで、ハサミムシで遊んだ記憶のある人は多いはずだ。庭先や学校の校庭で石をめくると簡単に見つかる昆虫であり、身体の後ろにカッコいいハサミを持つ。真っ白い卵を守っているメスが見つかることもあり、最も身近で生態を観察できる昆虫の一つであった。オスとメスではハサミの形が違うことや、コブハサミムシのオスのハサミには「アルマン型」「ルイス型」という格調高い名前がついていることも、昆虫博士になりたい子ども心をくすぐった。

ヨーロッパでは「耳の虫」（Earwig）と呼ばれており、眠っている人の耳に入り込むという言い伝えがある。確かに、ハサミの形はイヤリングに見えなくもない。

コブハサミムシの大きな特徴の一つは、母親が子の世話をする「保育行動」をとる

29　樹液に集まるオスの成虫。

ことだ。ハサミムシは、「生きた化石」と呼ばれるような原始的なグループと、進化した高等グループに分けられるが、全ての種が何らかの形で子育てを行う[iv]。

その中でも、最も熱心な保育行動をとるのがコブハサミムシだ。母親は卵がカビや細菌に侵《おか》されないように、一つ一つの卵を丁寧に動かして、空気に当てる。巣に侵入してきたアリなどの外敵を、ハサミで追い払う。幼虫が孵化《ふか》する際は、卵の殻《から》を取ってやる。巣の外に出た幼虫は、その都度連れ戻す。保育士も顔負けの働きぶりだ。

母親の最後の仕事は、自らの身体を食料として幼虫たちに提供することだ。全身を食われてゾンビのような姿になっても、幼虫たちを守るために巣の中を這《は》いずり回る。幼虫たちが巣立った後、食べられなかった硬い部分＝母親のハサミだけが、墓標《ぼひょう》のように残される。

子どもに人気のある昆虫は、概して大人には人気がない。ハサミムシも、大人の愛好家にはほとんど人気がない。私も大人になってからは、カミキリやタマムシといったミーハーな甲虫を追いかけるばかりで、ハサミムシを狙って採集に行ったことは一度もなかった。ハサミムシに夢中になっていた子ども時代の日々は、完全に忘却の彼方に追いやられていた。

そんなある日、6月下旬にオニグルミノキモンカミキリを狙って川沿いにあるサワグルミをスウィーピングしている最中、突然木の上から大きなハサミムシが落ちてきた。驚いてよく見てみると、クギヌキハサミムシだった。アラビアの曲刀を並べたようなオスの長大なハサミは、国産種の中でも随一のカッコよさを誇る。40ミリを超えることもある大型種だが、まさか木の上から落ちてくるとは。「石をめくって探す昆虫」という固定観念が覆《くつがえ》された。

その後、地元の砂浜で海浜性の甲虫を狙ってトラップを仕掛けたときは、巨大なオオハサミムシが大量に入って驚いた。本種もクギヌキと同様、小学生の頃に図鑑で見て憧れていた種である。まさかこんな近くにいるとは。トラップを仕掛ければ大量に採れるが、仕掛けなければ全く採れない。昔の自分に教えてやりたい気分になった。

日本で約30種が知られているハサミムシの仲間には、サソリのような赤いハサミを持ち、幼虫にはハサミがない原始的な種であるドウボソハサミムシや、屋久島と奄美群島に生息し、悪魔の爪のようなハサミを持つキガシラハサミムシなど、魅力的な種がたくさんいる。切っても切れないハサミムシとの縁を頼りに、遠くまで足を延ばしてみたい。

6 セッケイカワゲラ

真冬のグレートジャーニー

冬は昆虫のいない季節だと思っている人も多いだろう。しかし虫好きにとって、冬場は重要なシーズンである。オオクワガタのハンター（採集家）は、下草の少ない冬場に、樹液の出そうな台場クヌギを探し、夏の樹液採集のプランを練る。オサムシのコレクター（収集家）は、冬場に崖《がけ》や河川《かせん》敷《じき》の倒木を割って、冬眠中のオサムシやマイマイカブリを探し出す。ゼフィルス（ミドリシジミ）のブリーダー（飼育家）は、冬山に分け入って、木の幹や小枝についている宝石のような卵を探す。ハンター、コレクター、ブリーダー、いずれにとっても冬場は熱い季節なのだ。

冬に見られる昆虫は、雪上を歩くクモガタガガンボやガガンボダマシ、ユキシリアゲムシなど、翅の退化した種が多い。翅を無くすことで身体の表面積を小さくして余

33　雪上を歩く成虫。

計な放熱を防ぎ、雪の中に潜り込むこともできる。クモやカマキリなどの天敵が姿を消す冬場では、飛んで逃げる必要もない。

そんな冬に現れる「無翅《むし》の虫」の代表が、セッケイカワゲラだ。6～10ミリの小型種で、北海道と本州に分布する。１９２０年代に立山連峰や日本アルプス等で発見され、当時は「雪渓蟲《せっけいむし》」と呼ばれていた。雪の上で活動するカワゲラは国内で10種以上が知られている。

戦う武器も逃げる翅も持たないカワゲラが、凍えるような真冬に雪の上をノコノコ歩くという振る舞いは、一見すると酔狂《すいきょう》な自殺行為に見えるが、きちんと理由と目的がある。

成虫は早春、沢の上流部に産卵する。孵化した幼虫は夏眠を経て、秋に川底に堆積した落ち葉を食べて急速に成長する。

羽化した成虫は、雪の上で春までの数ヶ月を過ごす。雪の上には何の餌もないように思えるが、氷雪プランクトンと呼ばれる微生物を始め、意外と豊富な餌がある。そうしたものや雪の上に落ちている昆虫の死体などを食べて栄養を補給しながら、生まれ故郷の上流を目指して黙々と歩く。悪天候の時は、樹木と雪の間に避難してやり過ごす。

河川に棲む水生昆虫の中には、卵や幼虫

が自然に下流へと流されてしまうため、成虫になった段階で、生まれ故郷である上流域に帰るために、遡上《そじょう》飛行をする種がいる。「上流階級」であり続けるための必死の努力だと言えるが、翅の無いセッケイカワゲラは遡上飛行ができないため、「遡上歩行」として、ひたすら雪の上を歩き続けることになる。

セッケイカワゲラの雪中行軍は、生まれ故郷の上流に帰るためのグレートジャーニーなのだ。鮭のように派手なジャンプをせず、鮮やかな婚姻色も出ないため、誰にも気付かれないが、彼らの旅は毎年、人知れず続いていく。

セッケイカワゲラと同様、成虫が翅を持たない種にトワダカワゲラがいる。日本の水生昆虫学のパイオニア・上野益三氏らによって1925年に十和田湖畔の小流にて発見された、氷河期の遺存種である。

日本と朝鮮半島にのみ分布し、山地の水温が低い細流や湧水《ゆうすい》に生息するトワダカワゲラの仲間は、野外での観察・採集が極めて難しいにも関わらず、セッケイカワゲラと並んで、100年もの間、多くの愛好家や研究者の関心を集め続けている。「無翅の虫」が歩く姿、及び歩き続ける理由には、日本人を惹き付ける何かがあるのかもしれない。

7

トノサマバッタ

静かなる草原の皇帝

北海道の開拓が始まって間もない明治12年（１８７９年）、十勝地方上空を真っ黒い雲が覆った。黒雲の正体は、大量発生したトノサマバッタの群れである。翌明治13年から18年にかけて、バッタは日高、胆振《いぶり》、石狩、後志《しりべし》、檜山、渡島《おしま》、釧路などに飛来して、農作物に甚大な被害を及ぼした。近代日本が初めて遭遇した害虫の大発生であると言われている。

北の大地の開拓者たちを助けるため、そして本州への侵入を食い止めるため、明治政府は多額の費用をかけてバッタの駆除を行った。アメリカで開発されていたロッキートビバッタに対する防除技術を導入し、鍬《くわ》や鋤《すき》で地中の卵を駆除し、当時の最新兵器であったインセクトネット＝捕虫網で幼虫を捕獲し、石油やコールタールの散布で成虫を殺した。

37　緑色型の成虫。褐色型や黒色型もいる。

こうした開拓者と政府の努力によって、北海道での大発生は7年間で終息した。駆除したバッタの死骸や卵を埋めた「バッタ塚」は、札幌市の手稲山口や上川郡新得町など、北海道の各地に残っている。

バッタは、漢字で「飛蝗」と書く。文字通り、空を飛ぶ虫の皇帝である。旧約聖書の「出エジプト記」には、東風に乗ったサバクトビバッタがエジプト全土を覆い尽くし、全ての作物を食べ尽くしてしまう場面が記されている。

サバクトビバッタの仲間は、個体群の密度が高まると、長い翅と高い飛翔能力を持った「群生相《ぐんせいそう》」と呼ばれる姿に変身する。そして大群をつくって移動する。時には数億〜数百億もの群れとなって空一面を覆い尽くし、あらゆる農作物や植物を食い尽くす。群れが通り過ぎた後は、焼け野原のような不毛の地になってしまう。大干ばつや巨大地震に匹敵する大災害であり、「蝗《こう》害《がい》」と呼ばれている。古代エジプト人、そしてアイヌの人たちも、バッタの大量発生を「神の罰」として捉えてきた。

日本国内では、１９７０年代に南西諸島、１９８６年に鹿児島県馬毛島、２００７年には大阪の関西国際空港など、局所的にトノサマバッタが大発生しているが、明治期に北海道を襲ったような大規模な「蝗害」

は、長い間起こっていない。トノサマバッタが暮らす草原や河川敷も減っている。私が子どもだった昭和末期の時点で、学校の中庭や空き地にいるのはオンブバッタやショウリョウバッタばかりで、トノサマバッタを見つけることは全くできなかった。

彼らの面影を見ることができたのは、野山ではなくテレビの中だった。群生相に変身することを忘れたトノサマバッタは、キックで怪人を倒すヒーロー・仮面ライダーに変身して、昭和・平成・令和の時代を超えて、子どもたちの人気者になっている。トノサマバッタを「害虫」と考える人もいなくなった。

しかし、彼らの体内には「神の罰」を発動させるＤＮＡが組み込まれている。いったん発生した蝗害を確実に終息させる方法は、未だに開発されていない。日本国内における過去の大発生も、長雨による卵の死滅、バッタの天敵であるカビの大発生などによって終息しており、人間の力だけで駆除されたわけではない。私たちは「神の罰」を止めるすべをまだ持っていないのだ。

トノサマバッタの属名 *Locusta* の語源は「焼け野原」である。日本の空が「神の罰」によって覆い尽くされ、あたり一面が焼け野原と化す日が、永久に来ないとは限らない。

8 カンタン

永劫《えいごう》に　御岳《みたけ》の宝　邯鄲《かんたん》の声

わがために　くる秋にしも　あらなくに
虫の音《ね》きけば　まづぞかなしき
（古今和歌集：詠み人しらず）

秋の夜長に鳴く虫の声は、「もののあはれ」を感じさせるものとして、古くから短歌や俳句に詠まれてきた。花見や月見と同じように、虫の声がよく聞こえる場所に出向いて、鳴き声を楽しむ「虫聴き」、虫を庭に放して鳴き声を楽しむ「野放ち」という文化もあった。

江戸時代には鳴く虫の飼育書が流通し、将軍や公家、豪商向けに、竹細工の美しい虫籠《むしかご》も作られていた。鳴く虫を愛でるこうした文化は、まさに日本独自のものである。

カンタンは、その名自体が秋の季語にもなっており、鳴き声の美しさから「鳴く虫の女王」と呼ばれている。実際に鳴くのは

41　葉上で鳴くオスの成虫。

オスだけなので、「女王」ではなく「王」と呼んだほうが正確だろう。1904年に昆虫学者の松村松年氏によって刊行された日本最初の昆虫図鑑『日本千虫図解』にて、札幌市定山渓産の個体が記載されている。

明治の頃には、スズムシやカネタタキ、マツムシやクサヒバリなどの鳴く虫は、観賞用に販売されていたが、その中でもカンタンは高価な種であった。

鳴く虫を愛した小泉八雲ことラフカディオ・ハーンは、虫売りから購入したカンタンを庭に放して、その鳴き声を楽しんだという。明治天皇の皇后である昭憲皇太后もカンタンの鳴き声を好み、華族の中にはカンタンを皇室に献上する者もいたという。

1941年に刊行された『日本昆虫記』（大町文衛）にも、「蟋蟀《コオロギ》の仲間で最も優美な音樂は幽玄なカンタンの聲《こえ》」「夢見るやうなと形容したいその聲はまことに優雅であり、深い情を籠《こ》めてゐる」と記されている。

アメリカには「オンドケイコオロギ」と呼ばれているカンタンの一種＝シラユキカンタンが分布している。周囲の気温によって鳴く速度が変わり、7秒間の鳴き声数に5を足した数が、その場所の摂氏の気温（℃）になるという、信じがたい性質を持っている。日本のカンタンの鳴き声の中にも、もしかしたらこうした秘密の公式が隠れているのかもしれない。

　東京都青梅市にある御岳山では、１９５６年に「カンタンをきく会」が発足した。２００５年には、50回目の開催を記念して、１９６０年から本会に参加していた「日本の現代昆虫館の父」である昆虫学者・矢島稔氏による「永劫に　御岳の宝　邯鄲の声」と刻まれた句碑《くひ》が、武蔵御嶽《みたけ》神社の鳥居手前に設置された。

　環境省選定の「日本の音風景１００選」には、仙台市・宮城野のスズムシ、大阪市・淀川河川敷のマツムシ、熊谷市・荒川押切の虫の声が選ばれている。一方、鳴く虫が露店で売られることは少なくなり、ペットショップやホームセンターでも見かける機会は減った。街路樹では、明治期に大陸から日本に持ちこまれたとされるアオマツムシのけたたましい大合唱が響くようになり、多くの「鳴く虫の声を聴く会」が中止に追い込まれた。

　戦後、強力な殺虫剤・ＤＤＴの散布により東京都心のアオマツムシは死滅したと思われていたが、１９７０年代に驚異的な生命力で復活を遂げ、現在の大繁栄に至っている。外来種の増加と環境の変化により、日本の風景を彩ってきた音色は、確実に転調している。

9 ヒノマルコロギス

威《い》嚇《かく》する国旗

ニホンベニコメツキ、ニホンホホビロコメツキモドキ、ニッポンモモブトコバネカミキリなど、「日本」と名のつく昆虫は、いくつか存在している。しかし、「日の丸」と名のつく昆虫は、ヒノマルコロギスだけではないだろうか。

ヒノマルコロギスは、石垣島と西表島の森林に生息する日本固有種である。体長約40ミリになる日本最大のコロギスであり、比較的最近の２００１年に記載された種である。額の真ん中に大きな日の丸状の白紋がある。脛節《けいせつ》の緑も特徴的だ。沖縄島と久米島には、近縁種のニセヒノマルコロギスがいる。

どことなく温厚なイメージのあるバッタの仲間だが、コロギスの仲間は凶暴な種が多く、危険を察知すると、翅を広げて激しく威嚇する。ヒノマルコロギスも例外では

45　威嚇する成虫。

ない。

コロギスは、名前の通り、コオロギとキリギリスを足して2で割ったような外見をしている。キメラ的な外見の昆虫は人気が高くなる傾向があるが、コロギスもバッタの仲間の中ではファンが多い。口から糸を吐き出して巣を作るというバッタ離れした習性もある。

ヒノマルコロギスはコオロギとキリギリスのハイブリッドのような凶悪な顔をしているが、バッタの仲間には、なぜか怖い顔や怖い名前の種が多い。エンマコオロギは、閻魔《えんま》大王のような恐ろしい顔をしているためにその名がつけられた、という説がある。

クビキリギスは「チスイ（血吸い）バッタ」とも呼ばれ、噛みつくと首を切っても死なないことが名前の由来とされている。子どもたちの最も身近な遊び相手として、バラバラに分解される対象であったことも影響しているのだろう。

沖縄には、ヒノマルコロギスの他にも、ヤンバルクロギリスなど、巨大かつ凶悪な性格の肉食種が分布している。インドネシアには「オバケコロギス」とも呼ばれる巨大種・リオックが生息している。ペットとしても販売されており、YouTube の捕食動画の常連である。

自然度の高い森林の樹上に潜《ひそ》むヒノマル

コロギスの採集はかなり難しいとされてきたが、２０２２年６月、昆虫YouTuberであるむし岡だいき氏が石垣島でメスの採集に成功。同氏のチャンネルにて、朽木に産卵管を差し込んで産卵する場面[vi]、そして孵化した幼虫の貴重な動画が公開された。

　戦前～昭和の昆虫少年は、いわゆる平山図譜《ずふ》＝『原色千種昆蟲《こんちゅう》圖譜』や北隆館の『原色昆虫大圖鑑《ずかん》』を夢中になって読んでいたが、令和の昆虫少年はYouTubeの昆虫動画を夢中になって見ている。

　バッタの仲間は標本にすると色が褪《あ》せてしまい、その魅力の大半が失われてしまう。図鑑の写真だけでは、その迫力や躍動感、そして鳴き声は全く伝わらない。そのため、子どもにとって最も身近な昆虫の一つでありながら、大人の愛好家の間での人気は決して高くなかった。

　しかし動画であれば、その生きている姿と跳躍力、鳴き声、捕食から交尾・産卵まで、彼らの生態を臨場感溢《あふ》れる形で味わえる。多くの人気昆虫が、野外に行かずとも手元のスマホで「観察」できるようになったことは、図鑑で育った年配世代にとっては味気ないことかもしれないが、時代の主役が図鑑から動画へと移り変わる中で、YouTube世代の子どもたちによって、「バッタの時代」がやってくる日は近い。

10

ツダナナフシ

不器用な進撃の巨人

日本の昆虫ファウナ（昆虫相）の成立やアジアとの関連、そして昆虫学の歴史を考える上で、外せない地域が台湾である。戦前、台湾が日本の領土だった頃は、鹿野《かの》忠雄氏や素木《しらき》得一《とくいち》氏などの気鋭の学者が海を越えて台湾に渡り、現地の自然や昆虫の研究に没頭した。戦後は、多くの愛好家が日本では見られない昆虫を求めて、台湾に採集旅行に行くようになった。

台湾にいる昆虫の中で、日本でも見られる種の一つが、ツダナナフシである。西表島や石垣島に分布しており、体長は１００ミリを超える。１９３３年、最初の採集者・津田徳蔵氏にちなんで、素木氏によって記載された。ナナフシの仲間は、昆虫界で最大・最長クラスの種を含む巨人族であり、東南アジアには鎧《よろい》を纏《まと》ったような巨大種がゴロゴロ生息している。ツダナナフシ

49　葉上で静止する成虫。

には、そうした種の片鱗《へんりん》を感じさせてくれる迫力と異国情緒がある。台湾では保護の対象となっており、採集・売買・輸出入が禁止されている。

ツダナナフシは、台湾から海流で卵が運ばれることで西表島や石垣島に分布を広げた、という説がある。海水に浸かった卵の孵化率が高くなるという研究もある。チョウやカメムシの仲間とは異なり、空を飛ぶ以外の方法で海を渡る能力を会得《えとく》した、隠れた冒険家なのかもしれない。

ナナフシの仲間は幼虫も成虫も枝に擬態《ぎたい》しており、卵も植物の種子にそっくりであるため、非常に見つけづらい。子ども時代、毎年母の実家がある山形県小国町の里山で夏休みを過ごしたが、ナナフシは小学生の6年間で一度も見つけることができなかった。

大学に入り、文京区の東大本郷キャンパスにある三四郎池で幼虫を発見した時は、本当に驚いた。山形の山奥で一度も見つからなかった昆虫が、まさか東京のど真ん中にいるとは。

その後、地元の近所にある新潟大学の五十嵐キャンパスでも夜に巨大なナナフシを発見し、二度驚いた。大学に縁のある昆虫なのかもしれない……と思っていたが、ナナフシは成虫になるにつれて夜行性が強くなるため、夏休みに大型の成虫を見つけることはやや面倒で、春先に幼虫を見つけるほうが簡単であることを知った。昆虫採集における時期と時間帯の重要性を改めて思い知らされた。

　ツダナナフシは、メスだけで殖《ふ》える単為生殖であり、アダン（林投）の葉しか食べない単食性の昆虫である。自らのクローンしか作れず、しかも一つの植物しか食べない、というのは生物として極めてリスキーに思えるが、交尾相手を見つけるために危険な野外をウロウロしなくていいことは、大きなメリットである。

　また多様な餌を食べられることも、決してメリットではない。１００種類以上の植物の葉を食べる外来種の蛾・アメリカシロヒトリは、戦後、街路樹を丸坊主にするほど各地で増殖した。私が子どもだった昭和50年代は図鑑に載るレベルの大害虫であったが、いつの間にか減少し、話題にならなくなった。

　１００種類以上の植物を食べるということは、同じ食草や食樹を持つ競争相手も１００種以上いることになる。まさに血で血を洗うレッド・オーシャンだ。競争相手のいないブルー・オーシャンを泳ぎ続けてきたツダナナフシは、不器用なふりをした賢者なのかもしれない。

11 ガロアムシ

語り継がれる昆虫採集黎《れい》明《めい》期《き》の記憶

20世紀初頭の東京、一人のフランス人が東大農学部正門前にある平山昆虫標本製作所を訪れた。彼の名は、エドム・H・ガロア。フランス領事として在日していたガロアは、大の昆虫愛好家であった。

元々昆虫の採集や分類は、ヨーロッパの貴族の間で発展した「貴族の趣味」であり、当時の日本で熱心に昆虫を探していたのは、市井の子どもたちではなく、ガロアのような領事や宣教師などの知的エリートたちであった。

製作所で働いていた使用人の男性は、ガロアの持っていたヨーロッパ製の捕虫網に関心を示し、「どんなふうになっているのですか」と尋ねた。ガロアは、彼の目の前で捕虫網を広げて見せてくれた。

使用人は、その捕虫網の仕組みを目に焼き付けた。後日、彼は独立して自ら昆虫採

53　成虫。雌雄ともに翅は退化している。

集・標本用具の販売店を立ち上げる。彼こそが、志賀昆虫普及社の創業者である志賀卯《う》助《すけ》である。

「あのときに見たヨーロッパ製の捕虫網よりも、もっと便利なものを作ってやろう」と考えた志賀は、鋼の弾力を利用して、８の字にひねって小さくたたむことのできる網枠をつくり、ポケットに入れられるほど携帯性に優れた捕虫網（シガ式ポケット捕虫網）を開発した。志賀の開発した捕虫網は、現在も品川区にある同社の店頭で販売されている。

　ガロアがあのときに偶然志賀と出会わなければ、日本の昆虫採集事情は大きく変わっていたかもしれない。そもそも当時は「昆虫」という言葉が普及しておらず、「虫けら」と呼ばれていた時代だった。図鑑の値段も高く、とても一般人の手が届くような代物ではなかった。

　世間の圧倒的な無理解・無関心の中で、昆虫の魅力を世間に伝えようと孤軍奮闘していた志賀たちを励まし、各地の山野で「昆虫採集ですか。何が採れましたか？」とにこやかに話しかけてくれたのは、ガロアのような外国人の昆虫愛好家たちだった。

　ガロアムシはその名の通り、１９１５年にガロアによって、当時から昆虫の好採集地として知られていた栃木県の日光中禅寺湖畔で発見された昆虫である。最初の個体が１９１３年にカナダで発見され、新しい昆虫の目（非翅目）として話題を呼んだ直後の発見であったため、発見後は世界の昆虫学者たちによる「日光詣で」が巻き起こり、日本は世界有数の非翅目の生息地として知られるようになる。

ガロアムシは20ミリ弱の大きさで、暗く湿った地中に生息しているため、滅多にお目にかかれない昆虫だが、２０２０年に本種の一生を描いた絵本『がろあむし』（舘《たて》野鴻《のひろし》）が刊行され、その興味深い生態を、息を呑むほど美しい細密画で堪能することができるようになった。

ガロアムシ目の学名「*Grylloblattodea*」は、コオロギ（*gryllus*）＋ゴキブリ（*blatta*）＋モドキ（*odea*）という意味が含まれている。古生代石炭紀から中生代白亜紀にかけて繁栄した恐竜時代の生き残りであり、バッタやキリギリスの共通の祖先に当たると考えられている。

現代は翅が退化しているが、ジュラ紀の頃は4枚の翅を持って翼竜《よくりゅう》と共に大空を飛び回っていたらしい。太古の昔から生き続けるガロアムシと同様、日本の昆虫採集黎明期に多大なる貢献をしたガロアら外国人たちの名前は、今後も消えずに語り継がれていくだろう。

12 ハラビロカマキリ

悪そうな奴はだいたい天敵

カマキリの天敵はカマキリである。幼虫は頻繁に共食いをし、成虫のメスは交尾中にオスを食べる。飼育下でも、卵嚢《らんのう》から孵化したカマキリの幼虫を育てる際には、餌となる小型昆虫の確保が困難なこともあり、他のカマキリの幼虫をそのまま与える方法が用いられることがある。

カマキリが地球上に現れた中生代は、個体数の多い完全変態の昆虫はまだ繁栄しておらず、虫の集まる被子植物も存在していなかった。餌の確保に苦労する中で、同胞を食べて生き残るという、悲しい性質が身についてしまったのかもしれない。

カマキリの武器である前脚の鎌は、チョウやバッタだけでなく、時にはトカゲや小鳥までも捕らえるという、昆虫界でも最強の攻撃力を持っているが、その攻撃力が味方に向けられてしまうのは、科学技術を同

57　樹上の成虫。前翅に白色の紋がある。

種間の戦争のために使う私たち人間に通じるものがある。

攻撃力の高さと反比例して、カマキリは種類の少ない仲間である。日本には12種ほどしか生息しておらず、世界でも２４００種しかいない。最大の武器が通用しづらい硬い鞘翅《しょうし》を持った甲虫が昆虫全体の3分の1を占めるまで大繁栄してしまったことも影響しているのであろう。

カマキリは同種同士での共食いだけでなく、他種のカマキリも積極的に襲う。10月上旬、新潟県胎内《たいない》市の関沢森林公園でオオカマキリがコカマキリを食べている風景を目撃したことがある。

そんな修羅《しゅら》の世界であるカマキリワールドの中で、うまく立ち回っているのがハラビロカマキリである。凶悪な捕食者であるオオカマキリを避けて樹上に生息しているため、惨劇の主人公になることが少ない。50〜70ミリ前後の中型種ということもあり、サイズ的にも他種に襲われるリスクは低い。幼虫がお尻を上げた独特のポーズで威嚇する姿も可愛い。カマキリの中で、個人的には唯一、知性と人間味を感じる種である。

通常は緑色をしているが、稀《まれ》に褐色の個体が出現する。8月上旬に鳥取市に出張した際、湖山池の青島公園でハラビロの褐色型を見つけて興奮した記憶がある。コカマキリの緑色型よりは簡単に発見できるらしいので、ぜひ探してみて欲しい。なお、本種は他のカマキリよりもハリガネムシに寄生されている確率が高いようなので、苦手な人は要注意である。

　修羅の世界を巧みにサバイブしてきたハラビロであったが、思いもよらぬ伏兵の脅威に直面している。２００９年頃から、外来種のムネアカハラビロカマキリが国内各地で発見されている。インドからマレーシア、フィリピンなど広範囲に分布する種であり、その名の通り前胸の腹側に赤みがあり、ハラビロよりも大きい。卵鞘《らんしょう》は白っぽいビロード状であり、中国から輸入された竹箒《たけぼうき》に卵鞘が付着して、そこから国内に侵入した可能性が高いとされている。

　神奈川県や愛知県では、この外来種の侵入により、在来種のハラビロがわずか数年で駆《く》逐《ちく》されてしまった例も知られている。まさにカマキリの天敵はカマキリである。海を越えてやってきた強力な天敵の前では、ハラビロが懸命かつ賢明に策を弄《ろう》したところで、文字通りの「蟷螂《とうろう》の斧《おの》」＝無駄な抵抗になってしまうのかもしれない。

　同種にせよ他種にせよ、自然界の天敵に食われるのは天命だが、人間の持ち込んだ天敵に食われるのは、カマキリにとっても本望ではないはずだ。

13

ヒメマルゴキブリ

唯一の「愛《め》でらるる姫君」

　明治32年（１８９９年）、昆虫学者の松村松年氏がドイツに留学した際、同じく日本から留学していた海軍少佐と陸軍大尉から「虫ケラの研究をしているような人間を、政府はなぜドイツに留学させたのか」とからかわれた。これに対して、松村氏は「日本では５０００万石の米が取れるが、そのうちの２〜３割は害虫のためにやられている。害虫の駆除・予防に成功すれば、軍艦の一艘や師団の一つ位はわけなくできる」と反論したという。

　日本の昆虫学の出発点は、稲を食い荒らすウンカなどの害虫駆除であった。１９７２年に沖縄に侵入し、「史上最悪の害虫」と呼ばれたウリミバエを、６２５億頭もの不妊化した個体の放虫によって20年がかりで根絶するなど、世界的にも稀な成果を挙げたケースもある。

61　木の上を歩くメスの成虫。

現在、身近な害虫として真っ先に挙げられる昆虫は、ゴキブリである。しかし、ゴキブリは人間に対して害をなすわけではなく、別段汚いわけでもない。人間の手よりも細菌の数は少ないという説もある。生態系の中では、雑食性の分解者として、そして他の生物に捕食される役割も含めて、重要な働きを担っている。にもかかわらず、見た目や動き、そして「家の中に出没する」というだけの理由で忌《い》み嫌われ、害虫として駆除されてしまう。

ウリミバエの根絶事業に携わった昆虫学者・小山重郎氏は、「害虫は社会が生み出したものだから、社会のありかたを変えなければ、害虫はなくならない」と述べているが、ゴキブリはまさにその生きた見本である。日本に60種以上が生息しているにもかかわらず、昆虫愛好家の中ですら、ほとんど採集や撮影の対象にならない。

そんな嫌われ者集団の中で、ほぼ唯一と言ってもいい人気者が、ヒメマルゴキブリのメスだ。鹿児島県と南西諸島の森に生息している、体長10～12ミリほどの小型種だ。本種のメスには翅がなく、ダンゴムシのような可愛らしい見た目をしている。そしてダンゴムシのように、身を守るために身体を丸めてボール状になることができる。卵胎生で、卵ではなく直接幼虫を産む。

夜行性で、暗くなると林床や木の幹を歩き回り、落ち葉やキノコなどを食べて土に還す「森の分解者」の役割を担っている。

ちなみにオスには翅があり、他のゴキブリと同じような平べったい姿をしている。メスのように丸くなることはできないため、全くの別種のように見える。

石垣島・西表島には、本種とほぼ同じ見た目で、一回り大きいマルゴキブリが生息しているが、こちらのメスは丸くなることができない。

２０２０年に35年ぶりとなる日本産ゴキブリの新種（ウスオビルリゴキブリとアカボシルリゴキブリ）を発表した研究チームの一員である柳澤静磨氏は、著書の中で、かつてはゴキブリが嫌いだったが、西表島でのヒメマルゴキブリとの出会いでこれまでのゴキブリのイメージが崩れ、その後ゴキブリ研究の道に邁進《まいしん》することになったというエピソードを記している[vii]。

ヒメマルゴキブリは、国産のゴキブリの中では珍しく、標本が販売されることもあるので、購入することも可能だ。だが、やはり名虫の魅力は、動かない標本では十分に伝わらない。西表島まで行かずとも、本種は各地の昆虫館や生物園で生体が展示されていることも多い。ぜひ自分の目で、唯一の「愛でらるる姫君」を見に行こう。

14 クマゼミ

1945年8月6日の記憶

1945年8月6日、原爆が投下される前の広島市は、朝からクマゼミの声に包まれていたという。毎年同日に行われる平和記念式典の黙禱《もくとう》（午前8時15分）の際にも、同じようにクマゼミの声が響き渡っている。日本人にとって、決して忘れられない虫の声である。

クマゼミは、翅の先端までを含めた全長が70ミリ程になる国内最大級のセミであり、7月上旬から9月上旬にかけて、晴れた日の午前中にシャアシャアという大音量で鳴く。関西では最も普通に見られるセミだが、東北や関東の昆虫少年にとっては憧れの種であった。新潟出身の私も、大人になって関西に出張に行った際、新潟では一度も聴いたことのない不思議なセミの声に街中が包まれている様子に驚いた記憶がある。

分布の北限は神奈川県三浦半島付近と言

樹上の成虫。

われていたが、近年は東京でも鳴き声が聞かれるようになり、都内の（元）昆虫少年たちに衝撃を与えた。

クマゼミの分布拡大は、気候の温暖化が原因になっているイメージがあるが、実際は公園や街路樹に使うための樹木の移植など、人為的な原因で分布が拡がっている可能性が高いという。東京の代々木公園にいるクマゼミは、広島からの植栽による人為的な移入とされている。クマゼミ自体には東日本を制覇してやろうという野心はないようだ。

日本のセミ学は、１９３０年に刊行され、当時の昆虫少年を夢中にさせたベストセラー『趣味の昆虫採集』の著者である加藤正世氏によって大成された。多くのセミの新種・新亜種を記載し、当時は謎とされていた生態を次々に解明していった加藤氏は、子どもたちから「セミ博士」という愛称で呼ばれ、昭和初期の昆虫黄金時代を築き上げた立役者となった。

令和に入り、セミは食用の対象としても注目されている。２０２０年には杉並区の公園で「食用目的でのセミの大量捕獲はやめて」という趣旨の注意書きが掲示されて話題になった。昭和の「セミ博士」がこうした状況を見たら、頭を抱えて卒倒するかもしれない。

ナッツのようなコクがあるアブラゼミ、癖がなく食べやすいミンミンゼミと並んで、クマゼミは硬めの食感が魅力とされている。東京で響くクマゼミの鳴き声は、知らぬ間に無理やり連れてこられたアウェイの地から、故郷の西日本に帰りたい（＋人間に食べられたくない）という悲痛な叫びなのかもしれない。ちなみに、セミの鳴き声を愛でる感性や文化は日本独特のものであり、海外では騒音にしか捉えられていないという。確かに、夕暮れに哀愁を感じさせるヒグラシの声とは異なり、真昼に大音量で鳴くクマゼミの声には風情がない。

２０１０年代に入って、埼玉県で「聞き慣れないセミの声が聞こえる」という報告があり、調査が行われた。その結果、クマゼミに匹敵する大きさの巨大なツクツクボウシが発見された。中国大陸に分布する外来種のセミであることが判明し、タケオオツクツクと命名された。幼虫は竹類の根につく。中国から輸入された竹箒に偶然卵が産み付けられており、それが原因で広がったと考えられている。ちなみにクマゼミよりもかなり美味しいらしい。

街中で聞き慣れないセミの声が聞こえた時は、要注意だ。わたしたちの知らない間、見えない場所で、何かが静かに変わっているのかもしれない。

15 ウミアメンボ

「虫聖」を導いたシースケーター

昆虫は熱帯雨林や灼熱《しゃくねつ》の砂漠、氷河地帯から汚染された都市空間まで、地球上のあらゆる場所に生息しているが、唯一、繁栄できなかった場所がある。それは海だ。海中では節足動物の大先輩である甲殻類がくまなく繁栄しており、昆虫の入り込む隙間《すきま》は残されていなかったのだろう。

そんな中、甲殻類が決して真似することのできない「水の上を歩く」という離れ業《わざ》を駆使して、昆虫の中で唯一、水平線の彼方にある遠洋にまで生息域を拡げることに成功したパイオニアが、「シースケーター」と呼ばれるウミアメンボの仲間である。

昆虫界の異端児である彼らは、5ミリほどの紡錘形のボディにクモのように長いメカニカルな脚を持ち、防水性のある銀灰色に輝く毛で覆われている。中脚は前進するためのオール、後脚は方向を変えるハンド

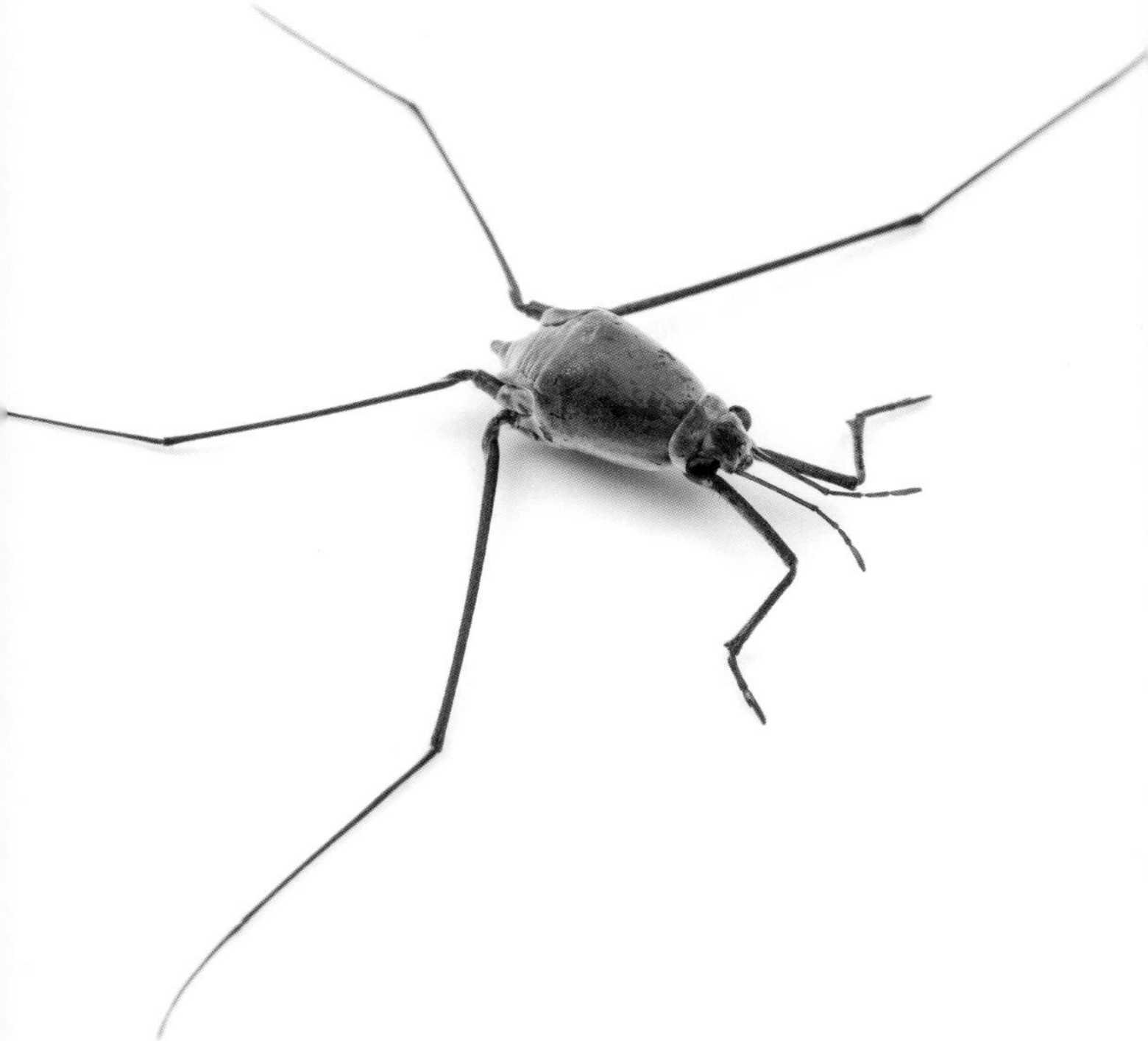

69　成虫。昆虫離れしたフォルムが特徴的。

ルの役目を果たしている。体表には紫外線を吸収する機能があり、悪天候の時に海中で溺《おぼ》れないよう、体毛に空気を溜め込むこともできる。

海産アメンボの仲間には、沿岸部に生息する種と、陸地から遠く離れた外洋に生息する種がいる。沿岸部に生息する種は、埋め立てや整備などの影響で減少の一途を辿《たど》っている。長崎県の大村湾は、海産アメンボが4種も生息する楽園のような場所である。２０１８年、長崎県立長崎西高生物部の女子生徒3人らの研究グループが新種のアメンボを大村湾で発見したことが報道された。アメンボ＝研究しつくされた昆虫だと思われていた中での新種発見は、実に60年ぶりの快挙であった。

沿岸性の種は海岸でも観察できるが、遠洋性の種を観察・採集することは困難を極める。アメンボのためにクルーザーを出せる人は少数派だろう。遠洋性の種は、海面に浮いている魚などの死体を食べ、海鳥の羽や流木などの漂流物に卵を産むと考えられている。

どこに流されるかわからない海洋表面で生き残るために、流された数百〜数千キロ先でも子孫を増やせるだけの屈強さ＝長い寿命と産卵期間を持っていると考えられているが、その生態は謎だらけである。

太平洋の真ん中に浮かんでいたプラスティックの牛乳瓶の中に、７万個ものウミアメンボの卵が産み付けられていた、という記録が残っている。人間が海に捨てたプラスティックやビニールのゴミは、ウミガメや海鳥の喉《のど》を詰まらせる凶器になるが、ウミアメンボにとっては貴重な産卵場になっているのかもしれない。

沖縄では、海が荒れた日の後、砂浜の波打ち際に、外洋の表層で暮らすカツオノエボシなどのクラゲと共に、大量のウミアメンボが打ち上げられる時がある。シースケーターとして水面を滑《すべ》ることに全ての機能を集約させた彼らは、陸上では歩くことすらできないため、そのまま太陽に灼かれて死んでいく運命にある。

戦前〜戦後の日本の昆虫学の発展に多大な貢献を果たし、「虫聖」と呼ばれた江崎悌三氏の専門は、海洋性の半翅目＝ウミアメンボであった。

学生時代、海洋生物学者になるか昆虫学者になるか迷っていたという江崎氏にとって、ウミアメンボは、海と昆虫という２つの領域の関心を同時に満たしてくれる稀有《けう》な存在であったのだろう。もし江崎氏とウミアメンボとの出会いがなかったら、日本の昆虫学の発展は百年遅れていたかもしれない。

16
アカスジキンカメムシ
カメムシ界のセンター

「キンカメムシは甲虫」という格言がある。甲虫愛好家の中には、カメムシには興味がないが、キンカメムシだけは採る、という人も多い。私もその一人である。

　キンカメムシの仲間は、英名では「盾《たて》で武装したカメムシ」と呼ばれており、極端に発達した滑らかな小楯板《しょうじゅんばん》で背面を完全に覆うことによって、甲虫に匹敵する強度、そして甲虫を超える飛翔能力を獲得することに成功した。「甲虫を超えた甲虫」と言えるかもしれない。

　そしてタマムシやハンミョウなど、本家の名だたる美麗甲虫に勝るとも劣らない美しさを持つ種も多い。毒々しい黒と橙で塗り分けられたオオキンカメムシ、メタリックグリーンに輝くナナホシキンカメムシ、そして限られた地域のツゲの木に集まり、日本で最も美しい昆虫の一つとも言われる

葉上で交尾中のペア。上の個体がメス、下の個体がオス。

幻のニシキキンカメムシなど、昆虫界のアイドル揃いである。

　カメムシの仲間は野菜や果実を吸汁する農業害虫であり、屋内に無断侵入する不快害虫でもあるため、一般人はもちろん、昆虫愛好家の間でもあまり人気がない。

　しかし、キンカメムシの仲間は別格だ。日本に10種しかいない少数精鋭のグループであるため、種数が多すぎて収集欲や採集欲が萎《な》えることもない。標本にするとその美しい色や輝きが消えてしまうため、彼らの真の魅力はライブ＝自然という舞台の上でしか味わうことができない。

　そんなアイドルグループのセンターを務めるのが、アカスジキンカメムシである。体長16～20ミリと見栄えのするサイズで、金緑色に輝くボディに赤い帯状紋が入る。１９８６年にはムカシトンボやルリボシカミキリといった日本を代表する花形甲虫たちと並んで60円切手の図案に選ばれており、カメムシ界のキービジュアルとしての認知度も高い。

　コブシやミズキ、ヤシャブシやエゴノキなど様々な植物を吸汁するため、都市部の公園でも見つかる……と文献には書かれているが、それほどたやすく見つけられる種ではないと感じる。地元・新潟の低山や林道で探しても、なかなか見つけることができなかった。

6月中旬に東京の高尾山に登った際、ようやく出会うことができた。2号路の途中で、葉上で静止している個体を発見し、「生で見るとこんなに美しいのか」と驚嘆した。

成虫を見つけられない場合、春先に現れる半球状の終齢幼虫を見つけて、それを飼育・羽化させることもできる。幼虫は成虫と全く異なるパンダのような白黒のツートンカラーをしており、生のクルミや落花生を与えて育てることができる。羽化直後の真っ白い姿が金緑色に変わっていく美しさは、この世のものとは思えない。

キンカメムシの仲間であるアカギカメムシは、日本固有の個体群に加え、遠くインドシナ近辺から移動してきた個体群も見られるようになっている。南西諸島に分布する南方系の種であるが、私の地元である新潟市の海岸や佐渡でも発見されている。日本海の船舶上で発見されたこともあり、海を超えて移動していることが窺える。

キンカメムシの仲間は、彼らのホームである南西諸島まで行かなくても、都市部の公園や大学のキャンパスなど、意外と身近な場でも会える。目眩《めまい》がするほど多様で奥深いカメムシの世界を知る第一歩として、まずこのアイドルたちに注目してほしい。

17 オオスズメバチ

スタミナモンスター

私たちの住んでいる日本には、極東の小さな島国というイメージに反して、世界最大級の巨大昆虫がいくつか生息している。与那国島などに生息する世界最大級の蛾・ヨナグニサン、オサムシ科では世界最大のマイマイカブリが有名だが、猛毒を持つ危険生物の代表格として恐れられているオオスズメバチも、スズメバチの仲間の中では世界最大の種である。

毎年20人前後がスズメバチに刺されて亡くなっており、クマやマムシよりもはるかに犠牲者が多い。秋になり、働き蜂の数がピークに達すると、ミツバチや他種のスズメバチの巣を集団で襲い、成虫を皆殺しにして幼虫や蛹を1匹残らず略奪するという凶悪な習性を持っている。

女王の体長は、40ミリを超えることもあり、日本の昆虫とは思えないモンスターサ

 樹液をめぐってにらみ合う成虫たち。

イズである。ぜひ一度、生で標本を見てほしい。こんな巨大な危険生物があちこちに棲んでいるのか……と恐ろしくなること請け合いだ。

他を圧倒する身体能力を持つアスリートとして昆虫界の頂点に君臨しているオオスズメバチだが、意外な弱点がある。スズメバチの成虫は腰がくびれていて、その中を糸のように細い食道が通っているため、蜜や樹液のような流動食しか食べられない。強力な大顎《おおあご》であらゆる虫を狩ることができるが、自分で食べることはできないのだ。

では一体何を主食にしているかというと、幼虫が口から分泌する栄養液である。成虫は捕獲した虫を肉団子状にして巣に持ち帰り、幼虫に与え、その代わりに幼虫の口から栄養液をもらうという「栄養交換」を行っている。

１日に１００キロ以上の距離を飛び回るスズメバチのスタミナの源は、この栄養液にあると考えた理化学研究所の阿部岳氏は、栄養液を分析し、液中のアミノ酸混合物をＶＡＡＭ（*Vespa* Amino Acid Mixture：スズメバチ・アミノ酸混合物）と名付けた。その後、実用化を目指した研究と商品開発が進み、１９９５年、明治乳業からスポーツ飲料「ＶＡＡＭ」として発売された。

２０００年のシドニー五輪女子マラソン

にて、ＶＡＡＭを使用していた高橋尚子選手が、日本女子陸上界において史上初となる金メダルを獲得。ＶＡＡＭも大きな話題になった。

スズメバチの幼虫は、ハチノコとして昔から食用になっている。クロスズメバチの幼虫は、炒めて醤油や砂糖で味付けして混ぜご飯にする。その味は、日本を代表するスタミナ食であるうなぎの蒲焼に似ている、という人もいる。オオスズメバチは、幼虫が繭《まゆ》を作った直後の前蛹の状態が一番美味しいとされ、「フグの白子以上」と評されることもある。

オオスズメバチは人間にとっては危険生物だが、生態系の一角を担う重要な昆虫でもある。キイロスズメバチの大発生やセイヨウミツバチの野生化を抑える役割を担い、作物を食い荒らすコガネムシやカミキリムシなどの害虫を狩る益虫の側面も持っている。

必要なのは撲滅ではなく、正しい知識と対処法を身に着け、危険を最小化することである。猛毒を持つ巨大な危険昆虫を同じ生態系の中で生きる一員として認め、そのパワーをスタミナ源として活用しながら、お互いに共存する道を探ってきた歴史は、昆虫大国の日本が世界に誇れるものではないだろうか。

18

オオセイボウ

幸せの青いハチ

ハチは昆虫の中でも最も進化した仲間の一つだと言われている。真社会性を持つミツバチのように、他の昆虫には決して真似できない高度で複雑な行動をとる種も多い。

一方で、採集や観察の対象としては、あまり注目されない。ドロバチやトックリバチなど、魅力的な造形や習性を持った種は多いが、種類が多すぎて同定が難しいという点と、そもそも採ることや観ること自体が難しい（もしくは危ない）という理由があるだろう。

そんな中で、採集や観察の対象として人気があるのが、セイボウ（青蜂）の仲間である。全身がメタリックブルーやグリーンに輝く美しいハチで、飛翔する姿は、小型のタマムシのようだ。毒針で刺すこともないので安心して近づくことができる。地元・新潟のコレクターの方に、ドイツ箱い

花に飛来した成虫。

っぱいに詰まったセイボウのコレクションを見せて頂いたことがあるが、まさに壮観であった。

セイボウの仲間は、英語でCuckoo Waspsと呼ばれている。他の鳥の巣に托卵《たくらん》するカッコウと同じように、他のハチの巣に卵を産み付ける寄生バチだ。

セイボウの一種・ミドリセイボウが「托卵」する相手に、ヤマトルリジガバチという全身瑠璃色の美しいハチがいる。ジガバチの「ジガ」は「似我」と書く。「我に似よ」という意味だ。獲物であるクモを埋めた巣の前で立てるジガジガという羽音は、「似我似我」＝我に似よ、我に似よという呪文をかけているように思える。やがて季節が過ぎると、獲物が埋められた巣穴からは、新しいハチが羽化して出てくる。昔の人には、クモがハチに生まれ変わったように見えたのだろう。

ミドリセイボウは、このジガバチの巣穴に産卵し、孵化した幼虫はジガバチの卵や幼虫を食い尽くして成長する。「我に似よ、我に似よ」という呪文をかけたはずなのに、親とは全く似ても似つかない、しかし青緑色に輝くハチが青空に飛び立つ。残酷ではあるが、美しい光景だ。

国内最大種であるオオセイボウは、20ミリ前後のサイズになり、寄生バチとしては異様な大きさを誇る。ジガバチより遥かに大きいスズバチの巣に寄生し、幼虫は巣の中に蓄えられた青虫、及びスズバチの幼虫をむさぼって育つため、ここまで大きくなれるのかもしれない。寄《き》主《しゅ》の強力な大顎や毒針による攻撃を防ぐため、分厚い鎧のような外骨格を持ち、ダンゴムシのように丸まる防御姿勢をとることも特徴だ。成虫はオミナエシの花などに集まる。

ハチ目は世界で約15万種が確認されているが、そのうちの半数以上はセイボウを含めた寄生バチの仲間であると考えられている。国内にも膨大な種数が生息しており、真冬も含めた一年中、何らかの種を観察することができる。実は最も身近な昆虫の一つである。

セイボウの仲間も、公園や植物園など、意外と身近なところで観察することができる。イラガセイボウは、その名の通りイラガの幼虫に寄生するため、冬に産卵痕《こん》のある繭を集めておけば、5月下旬〜6月頃に金緑色に輝く美しい成虫が出てくる姿を拝むことができる。

私も、近所の大通り沿いにあるスーパーの前で、死してなお青く輝くセイボウの死骸を拾ったことがある。「幸せの青いハチ」は、意外と身近なところにいるのかもしれない。

19 クロオオアリ

アルファにしてオメガ

あなたが子どもの頃、最初に興味関心を持った昆虫は何だろうか。その答えは、おそらくクロオオアリだろう。現在、チョウやトンボを追いかけている少年・少女も、外国産カブト・クワガタの飼育に熱中している大人も、昆虫との最初の出会いは、庭先や道端を歩いている本種のワーカー（働きアリ）であったはずだ。

　クロオオアリは日本最大級のアリで、働きアリでも10ミリを超える。住宅街から野山に至るまで、日本全国津々浦々に分布する最普通種でもある。

　真社会性を持ち、他の昆虫とは次元の異なる複雑で高度な集団行動をするアリは、古くから観察者たちの好奇心を一身に集め続けてきた。同じく真社会性を持つハチのように毒針で刺される危険もないため、「観察対象として最も人気の高い昆虫」の

花を訪れた働きアリ。

座に君臨し続けている。アニメ「ドラえもん」の名作回『のび太とアリの女王』(原作単行本での題名は「羽アリのゆくえ」)では、飽《あ》きっぽい性格であるのび太が、クロオオアリの観察には飽きずに熱中している姿が描かれている。

地上で餌を集める働きアリを観察することも面白いが、やはり醍醐《だいご》味《み》は巣の中を観察することである。クロオオアリは、幼虫部屋、サナギ部屋、女王部屋、ゴミ捨て場など、巣の中の部屋を使い分けて、様々な興味深い行動を見せてくれる。これらを観察するため、子どもの頃に飼育に挑戦した人も多いだろう。

しかし、働きアリをいくら採集しても巣は育たない。巣の観察をするためには、まず女王アリを採集しなければいけない。巣の奥深くにいる女王アリは、地上には決して出て来ない。アリの巣を壊して探す、という方法もあるが、これが意外と難しい。スコップで地面を掘れば出てくる、というほど単純な作業ではなく、巣の場所や大きさ、植物の根の有無によって難易度は大きく変化する。専門家でも半日以上かかることもあるという。

5～6月頃の雨上がりの晴れた日に、結婚飛行を終えた新女王を採集するという方法もある。しかし、結婚飛行自体が短時間で終わってしまうし、気候などの条件によって、飛行のタイミングは大きく変化する。狙って採るのは至難の業だ。

そんな中、２００１年に弱冠20歳でアリの通販専門店「AntRoom」を開業したアリ探究家の島田拓氏は、土や砂を一切使わずに巣の中の様子を観察できる、革命的な飼育キット「蟻マシーン」を開発。初心者には採集が難しい新女王も同店のネット通販で購入できるようになり、アリの観察は飛躍的に容易になった。

子ども時代に果たせなかった「アリの巣の観察」という夢を実現すべく、私もクロオオアリの新女王を購入して飼育にチャレンジした。しかし、飼育技術が未熟なせいか、一向に働きアリの数が増えない。最初は興味津々だった子どもたちの関心もほどなく消滅。２年弱飼育を続けたが、働きアリの総数が10頭を超えることはなく、兵隊アリも出現しないまま、最終的に巣は全滅してしまった。アリを追い続けることの難しさを改めて確認した。

虫の目レンズ（超深度接写レンズ）を自主開発した昆虫写真家のパイオニアである栗林慧氏は、「アリを撮影できれば、すべての昆虫が撮れる」と述べている。昆虫趣味は、「アリに始まり、アリに終わる」のかもしれない。

20 ヘビトンボ

渓流に棲む、薬効の奇虫

安永4年（1775年）、一人のスウェーデン人が日本を訪れた。彼の名はカール・ツュンベリー。「分類学の父」と呼ばれる博物学者リンネの弟子である。ツュンベリーは堪能なオランダ語を駆使してオランダ人になりすまし、商館の医師として長崎の出島に滞在。「薬草を採るため」と称して長崎奉行の許可を得て、野山の植物や昆虫を熱心に集めた。

商館長が江戸の将軍に謁見するための参府旅行にも同行し、箱根の山越えの際には「人夫の労力を軽減するため」と称してカゴから飛び出し、植物を大量に採集。わずか15ヶ月あまりの滞在で390種もの植物を発見・命名した彼は「日本博物学の父」と呼ばれている。

ツュンベリーはアオハダトンボのような美麗種からシバンムシのような微小種まで

（写真上）成虫。（写真下）幼虫。

様々な昆虫を採集したが、彼によって発見され、日本で初めて学名が付けられたと考えられている昆虫の一つが、ヘビトンボである。体長は50ミリ近くになり、マントのように巨大な翅で身を包んでいる。「風の谷のナウシカ」に出てくる禍々《まがまが》しい蟲のような姿をしているが、腐海ではなく清流の近くに生息している。幼虫は渓流や急流の石の下などに生息し、他の水生昆虫を捕食する。蛹の状態で歩行し、敵に噛《か》みついたりすることができる。

1993年に刊行された小説『ヘビトンボの季節に自殺した五人姉妹』（1999年に『ヴァージン・スーサイズ』という邦題で映画化）で覚えている人もいるかもしれない。茶褐色の地味な色合いの種が多いが、石垣島・西表島には黄色い小型種のミナミヘビトンボ、翅に文様が入るヤエヤマモンヘビトンボが生息している。

ヘビトンボの仲間の腹部は非常に柔らかく、標本にすると乾燥して見る影もなく縮んでしまう。昔の図鑑を見ると、腹部がミイラのように縮んだ情けない姿の標本が掲載されている。本種の真の姿、その迫力を味わうためには、生体を探すしかない。

ヘビトンボの幼虫は「孫太郎虫」と呼ばれている。いわゆる「癇《かん》の虫」＝子どもの夜泣きやひきつけ、癇癪《かんしゃく》などの問題行動に効く薬として、江戸時代の頃から有名であった。幼虫を干して串刺しにしたものを、砂糖醤油で付け焼きにするのが一般的である。強壮剤としても使われることがあり、奥州斎川（宮城県白石市）の特産物である。

孫太郎虫という名前の由来については、諸説ある。その一つは、文化3年（1806年）に山東京伝によって書かれた草双紙（絵入り小説）「敵討《かたきうち》孫太郎蟲」という物語である。

孫太郎という名前の少年が、父と祖父の敵を討つ話で、物語のラストでは、奥州斎川の小エビのような形の奇虫を食べて病を癒やし、成長して敵を倒して本懐《ほんかい》を遂《と》げる、という場面がある。

実際にどれだけの薬効があるのかは不明だが、ヘビトンボの幼虫にはアミノ酸や脂肪類、ビタミンの一種が多く含まれており、サプリメントとしての効果は期待できるという。

地元の斎川小学校の校歌（昭和19年制定）には、ヘビトンボの幼虫が出てくる。「仰げば蔵王雲凌ぎ　伏せば斎川水清し　口碑のままに薬効の　しるき奇虫の住むところ　川と我が校　名は同じ」。世に名虫は数あれど、校歌に歌われた昆虫もそうはないだろう。斎川小学校は、児童数の減少により、平成30年3月31日に閉校した。

21

オオカマキリモドキ

キメラ・ザ・ギャンブラー

カマキリモドキは、カマキリの上半身とハチの下半身を合体させたキメラのような昆虫だ。その特徴的な容姿から知名度は高く、テレビやネットの動画などでも取り上げられることがある。

その一方で、この奇妙な昆虫がどのような場所に生息しており、どこに行けば採れるのかを知っている人は、少数派だろう。私も子どもの頃から図鑑でその存在は知っていたが、一度も見たことがなかった。一体どこに行けばカマキリモドキに出会えるのか、全く見当もつかなかった。

大人になり、7月中旬、地元の昆虫仲間の方々が新発田市の山奥で行った灯火採集に同行させてもらった際に、初めてヒメカマキリモドキを見ることができた。まさか灯火に来るとは思わなかった。10ミリ程度の大きさだが、風格のある種である。

樹上で佇む成虫。

カマキリモドキの仲間の一部は、幼虫がクモの卵に寄生して育つという特殊な生態を有している。草原の葉の裏側に産みつけられた卵から孵化した1齢幼虫は、近くを通りかかった徘徊性のクモの体表に乗り移る。この時に選んだクモがメスであれば成功だが、オスであればその時点でゲームオーバーである。ただし、運悪くオスに乗り移ってしまったとしても、交尾の最中にメスに乗り移る、という離れ業をする幼虫もいるらしい。

　クモに飛び乗った幼虫は、クモと共に越冬して、産卵の日を待つ。1齢のまま半年近く（！）生存する場合もあるという[viii]。途中でクモが他の天敵に捕食されたり、大雨や日照り、寒さや餓えで死んでしまえば、そこでゲームオーバーだ。偶然を味方にできたものだけが生き残る、まさにギャンブルの世界である。

　ようやくクモが産卵すると、幼虫はその卵嚢に乗り移り、卵を餌にして成長する。蛹（ファレート成虫と呼ばれる）は自力で動き回ることができ、羽化しやすい場所に移動する。

　オオカマキリモドキは、晩夏から初秋にかけて現れる、日本最大のカマキリモドキである。25ミリを超える個体もいる。四国・九州に分布する南方系の種であるが、

2021年には愛知県でも採集された[ix]。今後は本州での発見例も増えていくのかもしれない。ヒメカマキリモドキ同様、灯火にも集まるが、なかなか目にすることができない珍種である。

　オオカマキリモドキの幼虫が何に寄生しているかは、未だに分かっていない。かつて本種は福岡県の有名な好採集地・英彦山《ひこさん》で多産しており、日本の昆虫学の名門・九州大学農学部の研究者が長い時間を費やして、生態の解明に取り組んだ。しかし、名門の秀才たちの力をもってしても、本種の寄主を発見することはできなかった。

　海外にいる本種の同属は、コモリグモに寄生することが知られている。また本種のメスは高木の葉の表面にまとまった数を産卵し、孵化した幼虫は、空を飛翔する寄主に飛びかかるためか、ぐるぐる体を振り回すという。そう考えると、英彦山に生息しているコモリグモ、あるいはキイロスズメバチが怪しい。しかし、いずれも確かな証拠はない。

　オオカマキリモドキの寄主を発見した者は、日本の昆虫学史に永久に名を残すだろうと言われている。「昆虫学者になる」という狭き門を目指す少年少女は、このカードに人生を賭けてみるのも悪くないかもしれない。

22

キバネツノトンボ

金色の草原を飛び交う戦闘機

２０２２年１月、第62回自然科学観察コンクールにて、茨城県小美玉市の小学６年生・内山旬人君によるキバネツノトンボの研究が文部科学大臣賞に選ばれたx。

キバネツノトンボは草原に棲む稀少種で、トンボのように透明な前翅、チョウと見紛《みまが》うような黄色と黒に塗り分けられた美しい後翅を持ち、アニメに出てきそうな愛らしく長い触角を揺らしながら、出撃前の戦闘機のような緊張感のある姿で草木に静止する。昆虫愛好家の好むトッピングを全部乗せしたような種だが、局所分布で晩春〜初夏の短い期間しか発生しないため、生活史はほとんど明らかになっていない。私も本種を長年探し回り、５月下旬に阿賀町のマンダロク山の麓でようやく採集できた。

幼虫は、同じ目のウスバカゲロウの幼虫＝アリジゴクと同じ見た目をしているが、

草に止まった成虫。

バックしかできないアリジゴクとは異なり、前進することもできる。そして砂地に巣穴をつくるようなことはせず、枯れ草の中など、主に地上で生活する。アリなどの昆虫を食べていると思われるが、詳しくは分かっていない。成虫になるまでの期間も不明である。

こうしたキバネツノトンボの生態解明に興味を持った内山君は、本種が比較的多産する地域に住んでいるという地の利、そしてコロナ禍の休校期間を活かしながら、2年間にわたって成虫の観察・飼育を行い、生存期間、活動時間帯、食性、交尾、産卵など、これまでほとんど知られていなかった本種の生態を明らかにしていった。

キバネツノトンボをはじめ、草原に棲む昆虫は、全国的に数を減らしている。1960年代には全国各地にいたオオウラギンヒョウモンは、西日本の草地や牧草地にわずかに発生地が残るだけになっている。草原に生えるユウスゲを食べる日本固有の美麗種・フサヒゲルリカミキリは、確実に生息が確認されているのは岡山県だけになっている。

国内における草原の多くは、人間の農林業の営みによって維持されてきた半自然草原である。日本の国土の3分の2は森林であり、元々草原は少ない。温暖で降水量も多いため、火山の山麓などの特殊な場所を除いて、そもそも自然条件下で草原が成立することはない。日本の草原は「減った」のではなく「元々無かった」のだ。

カヤ場や採草原、放牧地として利用されてきた半自然草原は、戦後の農業近代化の過程で経済的価値を失い、急激に減少した。人の手が入らなくなり、野焼きや草刈りが行われなくなった半自然草原は、疎林へと変わってしまう。「元々無かった」草原が消えゆく中で、いかにして草原性の昆虫を絶滅から守ればいいのか。この難問を解くためには、内山君のように徹底した観察と飼育によって生態を解明し、その上で保全策を打ち出していくしかない。

内山君は、キバネツノトンボが通常の緑色の草原ではなく、イネ科の外来植物・メリケンカルカヤの立ち枯れがひしめく金色の草原に数多く生息していることを確認した上で、「キバネツノトンボはこの外来植物と共に分布を拡大している」という仮説を立てた。

本種を含め、小学生でもプロの学者を唸らせ、マニアの大人たちを黙らせ、世間を驚かせるような大発見ができる昆虫は、まだまだたくさんいる。来年の文部科学大臣賞は、この本を読んでいる君に採ってほしい。

23 スズメバチネジレバネ

神なき世界の特級呪物

進化論を提唱したダーウィンは、イモムシの体内に卵を産み付ける寄生バチを見て、「毛虫を体内からむさぼり食べるような冷酷無情な生物を、慈悲深き全能の神が創造されるはずがない」と考え、神による生物の創造を疑ったと言われている。

寄生バチをはじめ、残酷無比な寄生昆虫は数多く知られているが、その中でも最も忌まわしい昆虫の一つが、ネジレバネである。ハエのような姿をしているオスは、前翅がねじれた棍棒《こんぼう》のような形をしており、それが名の由来になっている。3ミリ程度の微小種で、かつてはハエに近縁な仲間だと考えられてきたが、現在では甲虫に近い仲間だと考えられている。

一方、メスは昆虫界でも屈指の異形生物だ。一生を寄主の体内で過ごすため、目も触角も翅も脚もなく、頭部と胸部が融合し

（写真上）オスの成虫。（写真下）メスの成虫。

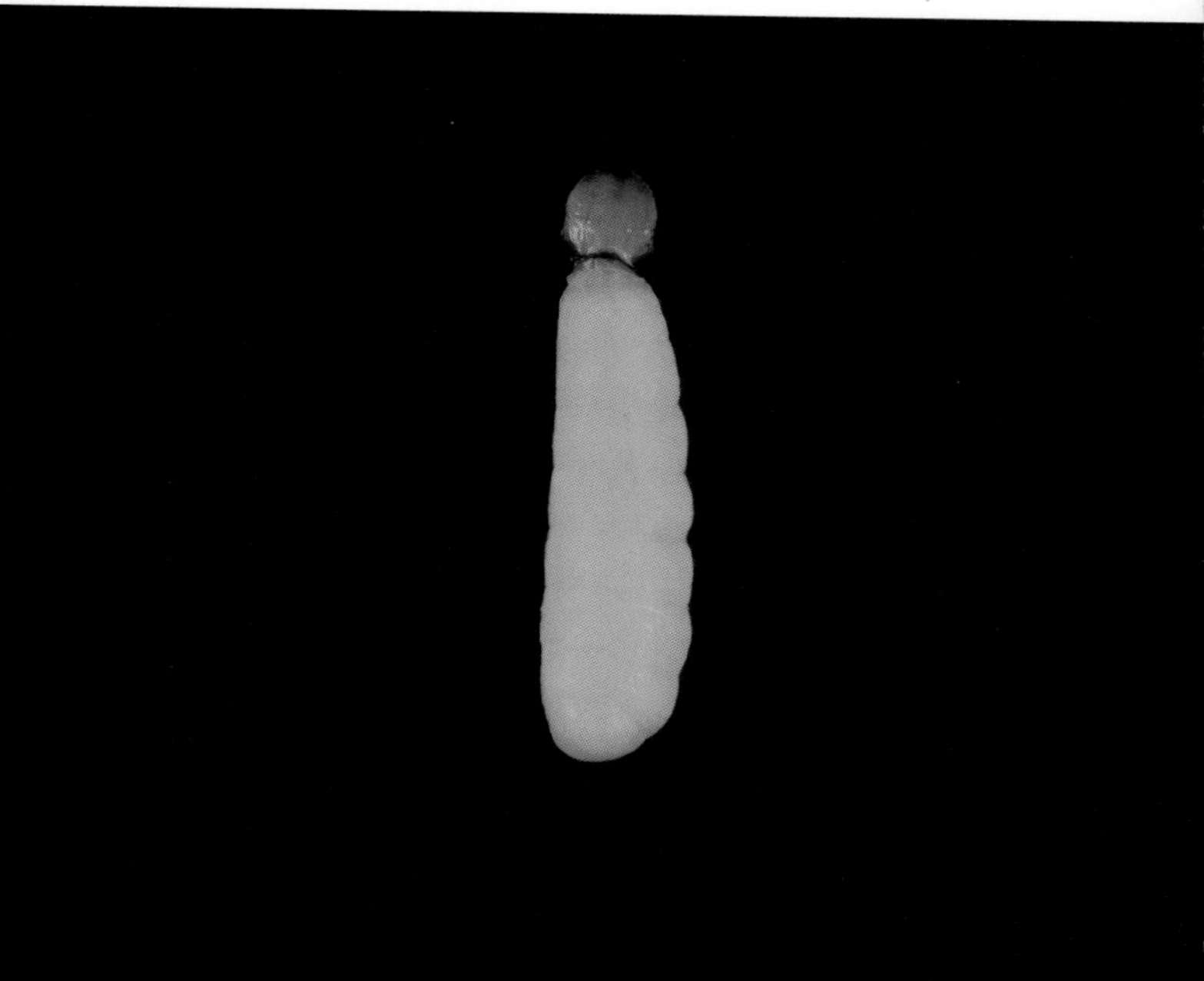

た昆虫離れした姿をしている。種によっては臓器のような複雑な形状をしており、寄主を解剖しても、どこまでが臓器で、どこからがネジレバネのメスなのかわからないこともあるという。メスは外部生殖器を持たないため、オスはメスの頭胸部に直接交尾器を突き刺し、精子を送り込む。存在自体が悪夢のような生き物である。

ネジレバネは、ウンカやヨコバイ、ツチカメムシ、クツワムシなど、様々な昆虫に寄生する。ネジレバネに寄生された昆虫は、生殖能力を失うことがある。確かに、異形のメスに体内を食い荒らされた状態では、生殖どころではないだろう。

北海道から九州まで全国に分布しているスズメバチネジレバネは、この仲間の中では世界最大級の種であり、寄生したスズメバチの寿命を延ばすという驚異の能力を持っている。その身を捧げた代償として特別な力を与えてくれる、悪魔の呪いのような昆虫である。

スズメバチの働きバチの寿命は通常1ヶ月程度であり、女王バチ以外は越冬せずに死ぬ。しかし、ネジレバネに寄生された働きバチは寿命が劇的に延び、越冬して翌年の春まで生きる。冬眠から目覚めた働きバチは、食料を求めて雑木林の樹液に集まる。ハチの体内では、3万匹（！）を超えるネジレバネの幼虫が孵化している。

働きバチが樹液にたどり着いた時、ネジレバネの幼虫は一斉に寄主から離れる。樹液に集まる他のスズメバチに運良く飛び移ることができた幼虫は、そのまま巣まで運ばれ、スズメバチの幼虫に寄生する。1齢幼虫には脚があり、活発に動き回るが、寄主の体内に入った後は脚のないウジ型になる。ネジレバネに寄生された働きバチは、餌や巣材を集める労働を放棄し、巣の中でじっと静止するだけのオブジェと化してしまう。

沖縄などに生息し、タイワンクツワムシに寄生するクツワムシネジレバネは、まだメスしか見つかっていない。オスはアリに寄生していると予想されている。雌雄で寄主の異なる昆虫は、ネジレバネの仲間以外には存在しない。雌雄で寄主が変わる理由は未解明である。

日本には約50種ものネジレバネが生息している。いずれの種も体長は2ミリ程度で寄生率も低く、オスは羽化後わずか数時間で死んでしまう。観察することすら難しい種が大半であるが、誘引トラップによるハチの捕獲調査などで、徐々に生態が明らかになってきた種もある[xi]。国内に存在する全ての「呪い」の仕組みが解き明かされる日がいつか来ることを期待したい。

24

オオルリオオサムシ

コップの中のブルーサファイア

自らのペンネームにその名を入れた手塚治虫の例を引くまでもなく、オサムシの仲間は古くから昆虫愛好家の関心を集めてきた。１９５０年代には、オサムシに関する検索図説やカラーの図鑑が出版され、アマチュアでも一定の分類ができるようになった。１９６０年代には、地面にオサムシの好む餌を入れたコップや空き缶を埋めるピットフォール・トラップ、そして冬場に崖を掘って冬眠中の個体を掘り出す「オサ掘り」と呼ばれる採集方法が確立した。

　これによって大量採集と分布調査が可能になり、コップとピッケルを持った愛好家たちが全国各地の崖を掘り、数え切れないほどのトラップを仕掛けて、新種や亜種、地域変異を突き止めた。昆虫学者・医師の馬場金太郎氏は、地元の新潟から東京に行く際、運転手付きの車に乗り、道中の様々

105　渡島半島亜種のオシマルリオサムシ。

な場所にコップのトラップを埋めて、帰り道に全て回収していったという豪奢《ごうしゃ》な逸話が残っている。

１９５５年には24種55亜種だった日本のオサムシは、わずか８年後の１９６３年には、37種82亜種へと一気に増加。１９７０年、学生を中心に約５００名の会員を擁《よう》していた日本最大の昆虫同好会「京浜昆虫同好会」によって刊行された『インセクト・マガジン』76号のオサムシ特集号で日本全体のオサムシ相と地理的変異が示され、全国的にオサムシブームが巻き起こった。１９８５年には41種１０６亜種になり、国内での分布はほぼ解明されるに至った。

オサムシの仲間は、コレクションの対象としても人気が高い。その中でも別格の存在がオオルリオサムシである。世界でも北海道にのみ生息し、９つの亜種に分けられている。赤や緑の強い金属光沢を持ち、地域によって異なる色彩や条線の変異の豊かさから、国内外で高い人気を誇る。毎年初夏になると、ツイッターには、コップの底に落ちたオオルリオサムシの美しい写真が溢れる。マダニやヒグマは怖いけれど、採りに行きたい……。そう思って悶々としている人も少なくないはずだ。高校時代、８月に登山部の合宿でトムラウシ山に登ったが、そのときは本種の影も形も見ることができなかった。8月は新成虫の発生時期であるが、羽化のタイミングがばらつくため、初夏に比べると採集は比較的難しいという。

渡島半島亜種のオシマルリオサムシの中で、乙部《おとべ》岳《だけ》周辺の個体群は極めて強い青紫の光沢を放つ。採集には登山が必要になることも多く、相応の経験と知識、そして地面にコップを手作業で数百個埋める体力と根気がなければ採れない難関種だが、愛好家の間では最も人気が高い個体群の一つだ。大型連休の時期には、全道の愛好家が渡島半島のポイントに集結するという。

北海道には、他にもオオルリと双璧《そうへき》をなす輝きを放つアイヌキンオサムシ、低湿地に棲むセスジアカガネオサムシ、利尻島にのみ生息する稀少種リシリノマックレイセアカオサムシなど、日本の甲虫とは思えない強烈な美しさを誇るオサムシが多数生息している。

いずれの種も、愛好家や研究者が苦労して山岳地帯や湿地にコップを埋め続けた結果、生息や分布域が確認され、調査や保護が進んだ。オサムシ研究の歴史は、腰痛と腱鞘炎《けんしょうえん》に負けずに、地面に無数のコップを埋め続けた人たちの歴史でもある。先人たちの努力に敬意を払いつつ、環境とマナーを守って、これからもコップの中の宝石を探し続けていきたい。

25 マイマイカブリ

国際指名手配の破《は》戒僧《かいそう》

万延元年（１８６０年）、イギリス生まれの世界的プラントハンターであるロバート・フォーチュンは、東洋の植物採集のために日本を訪れた際、横浜の村人たちに、「黒い法衣を纏《まと》ったカトリック僧侶のような甲虫」のスケッチを「手配書」として配布した。「我々の助手として、この虫を探してほしい。報酬は十分に支払う」というフォーチュンの申し出に対して、好奇心を刺激された村人たちは老いも若きも喜んで名乗りを上げ、最終的に「助手」の数は数百人を超える規模になったという。

　手配書に描かれていた「お尋ね者」は、日本特産の甲虫であるマイマイカブリであった。既にロンドンでは本種の存在が知られていた。体長70ミリ近くになるオサムシの中では世界最大級の種であり、掟《おきて》破りの巨大さと特異な容貌で、霧の都の博物学者

フォーチュンが訪れた神奈川を含む関東中部地方の亜種・ヒメマイマイカブリ。

たちに強烈なインパクトを与えたことが窺える。

フォーチュンは、同じく神奈川付近で、後に日本の「国蝶」となるグレート・パープル・エンペラー＝オオムラサキを採集したことでも知られているが、海外の昆虫愛好家にとって、「日本を代表する名虫」といえば、間違いなくマイマイカブリになるだろう。

本種は、日本列島が大陸から分離した1500万年前＝日本列島誕生の頃から連綿と生き続けている最古参の昆虫の一つである。かつて大陸にいたであろう祖先種は既に姿を消しており、彼らだけが日本固有種として残っている。

本種を始め、国内産オサムシの大半は、後翅が退化しており、飛ぶことができない。飛翔による移動ができないため、地域によって隔離され、形態や色彩に多様な変異が生じた。西日本の個体群は全身が漆黒だが、北上するに連れて、青や赤、緑などの美しい金属光沢を発するようになる。

その知名度に反して、マイマイカブリを野外で見かける機会は決して多くない。狙ってトラップを仕掛けないと、なかなか出会えない。夜行性のため、子どもには探しづらい種だ。私も小学生の頃に散々探したが、1頭も見つけられなかった。

大人になってから、5月上旬に新潟県関川村の杉林を歩いていた個体を初めて採集し、記念に飼育することにした。子どもを保育園に送迎する際に通る道のブロック塀についているカタツムリを与えて飼育したところ、翌年の7月上旬まで生きた。その間に食べたカタツムリの殻を数えたら、12個だった。カタツムリさえ用意できれば、飼育は容易であるようだ。

マイマイカブリは、その名の通り、細長い頭部をカタツムリの殻に突っ込んで捕食するが、新潟の佐渡島には、殻そのものを力押しで破壊して捕食する、掟破りの破戒僧のような亜種＝サドマイマイカブリが生息している。太くて短い頭部が特徴的な、新潟県を代表する名虫である。

サドマイマイを採集すべく、7月下旬に家族で佐渡に渡った。フォーチュンのように、子どもたちを「助手」に使ってあちこちにトラップを仕掛け、夜のドンデン山に登って道路脇の側溝を見回った。しかし、目標のサドマイマイは1頭も採れなかった。「また来年か……」と諦めて車に乗って帰路についたその時、道路を巨大な黒い甲虫が横切った。急ブレーキをかけて車を止め、ドアを開けて走り寄ると、まさかのサドマイマイだった。何という幸運！　佐渡の山奥で、子どもたちと一緒に万歳三唱した。

26

ハンミョウ

光学迷彩の虎

世界中に2000種以上いると言われているハンミョウ科の中でも、日本のハンミョウに並ぶ美しさを持った種は多くない。日本を代表する美麗甲虫の一つである。強大な大顎で獲物を捕食する様から、英語では「タイガービートル」と呼ばれている。

私の住んでいる新潟県内で最も多く見られるハンミョウの仲間は、マガタマハンミョウである。後翅が退化して飛ぶことができず、登山道や林床を高速で走り回る。その名の通り、上翅に白い勾玉《まがたま》のような模様が入り、赤銹色の渋い光沢を放つ、なかなかの名虫である。中部以北の豪雪地帯に分布する種であり、西日本では滅多に見られない。「近くの山にいくらでもいるよ」と言ったら、西日本の愛好家には羨ましがられるかもしれない。

ニワハンミョウも、5月の連休あたりに

メスの成虫。オスは肩（上翅の角）に白い斑点がある。

森林公園や林道に行けば、比較的容易に観察できる。しかし、本命のハンミョウは、滅多に見つからない。地元の昆虫仲間に尋ねても「最近は全く見ていない」とのこと。私も子どもの頃、一度だけ小国町の里山で飛翔する個体を見かけたことがあるが、採集した記憶はない。虫好きとして、このまま一度もハンミョウを採らずに人生を終えるわけにはいかないだろう、と思い、子どもたちを連れてあちこちの野山に繰り出したが、全く見つからなかった。ただ漠然と探し回っても、勝ち目はない。そこで、あらためてハンミョウの生態を洗い直して、ピンポイントで探すことにした。

ハンミョウの幼虫は、川原などに点在している植物の少ない開けた場所＝「裸地」に巣穴を掘り、獲物を食べて育つ。その裸地が開発や舗装、外来植物の侵入によって減少しているため、成虫の発見が困難になっているのだ。

そこで、Googleマップの航空写真を使って、人気のない河川の上流部で裸地がありそうな場所を探し出し、多くの虫が出現する梅雨前のゴールデンタイム＝6月中旬に行ってみることにした。車で片道1時間かけて現地に着くと、予想通り裸地があった。天気は快晴である。これは期待大だな……と思ってあたりを見回すと、ハチのように高速で飛翔する虹色の虫が視界に入った。いきなりの本命出現！　反射的にネットを振ったが、かすりもせずに、はるか彼方に飛び去ってしまった。予想外の速さに慄《おのの》いた。素手で採れるマガタマ、網さえあれば簡単に採れるニワとは、別次元の速さである。

ハンミョウは「ミチオシエ」というほのぼのした通称がついているが、人間を導くどころか置き去り＆迷子にするレベルだ。そうか、思い出したぞ。子どもの頃は「速すぎて採れなかった」のだ。しかし、このまま諦めるわけにはいかない。

十数分後、ようやく別の個体を見つけ出した。今度は作戦を変え、飛翔後に着地した一瞬の隙を狙うことにした。それが功を奏し、見事にネットインすることができた。光学迷彩に身を包んだ憧れの甲虫を手にして、一人山奥で「っしゃあああーーー！」と叫んでしまった。

ちなみに、小学生に人気のゲーム「あつまれ　どうぶつの森」では、ハンミョウは簡単に採集することができるそうだ。現実と同じく、雨が降っている時間帯には出てこないが、出現時期であれば、一日中採ることができる。残念ながら、令和の子どもたちにとって、ハンミョウは既に「ゲームの中でしか採れない虫」になっている。

27

ツシマカブリモドキ

「バカの壁」を掘り崩せ

長崎県の対馬は、九州と朝鮮半島のほぼ中間に位置しており、日本国内でここにしか分布していない大陸系の昆虫が数多く生息している。

インド原産のツシマウラボシシジミ、秋に鳴くセミであるチョウセンケナガニイニイ、同じく秋に光るアキマドボタル、そしてヒメダイコクコガネなど、ユーラシア大陸に棲む魅力的な昆虫たちの片鱗を感じることのできる、稀有な混淆《こんこう》地帯だと言える。

対馬は古くから昆虫愛好家にとって聖地の一つであり、１９７６年に日本初記録のキンオニクワガタが発見されたと発表された時は、大きな話題になった。

そんな対馬を代表する甲虫の一つが、ツシマカブリモドキだ。体長40ミリを超える個体もいる大型種であり、北海道のオオルリオサムシ、世界最大のオサムシと言われ

117　落ち葉の上を歩く成虫。

る長崎県福江島のマイマイカブリと並び、日本のオサムシ界三巨頭の一角をなす名虫である。

本種をコップに落とすことを目指して、昔から多くの愛好家がトラップ用のコップの束を抱えて、玄界灘を越えていった。現地での個体数は少なくなく、対馬の全域で見られる。標高の高い山地よりも、人家周辺の平地で見つかることが多いようだ。ピットフォール・トラップ以外では、冬季に林道沿いの崖や朽木、倒木の根返りの中で越冬している個体を掘り起こして採集することもできる。オオルリやマイマイカブリと同様、本種もカタツムリを主食にしている。

カブリモドキの仲間は、中国大陸を代表する甲虫であり、藍色や深緑の金属光沢を放つ鞘翅の上に雫のような形の彫刻が散りばめられた姿をしている。「モドキ」という不名誉な名称とは裏腹に、数あるオサムシの中でも屈指の美麗種が揃っている。

彼らの眷属《けんぞく》であるツシマカブリモドキには、美麗種の宝庫である中国大陸の片鱗を感じさせる美しさが備わっている。第二次世界大戦中に中国に出征した在野の昆虫学者・白畑孝太郎氏には、現地で採集したカブリモドキを上官に見つからないように歯磨き粉のビンに入れ、苦心の末に日本に持ち帰ることに成功した、というエピソードが残っている。

ツシマカブリモドキは、かつてはほとんど標本のない虫だった。また冬場に「オサ掘り」で採れるかどうかもわかっていなかった。そんな中、東京大学医学部の2年生が、春休みに仲間とともに対馬の有明山に登って、朝から晩まで崖を掘り続けて、冬眠中の個体を60頭以上採集することに成功した[xii]。この学生こそが、後に昆虫界のグランドマスターとしてその名を馳《は》せる養老孟司氏である。「ツシマカブリモドキは、崖を掘っても出てこない」という思い込み＝「バカの壁」を掘り崩した結果の偉業だと言える。

２０１９年、対馬で極東ロシアから朝鮮半島にかけて分布するコエレスティスルリボシカミキリの亜種が発見され[xiii]、昆虫界に大きな衝撃が走った。「圧倒的に目立つ美麗種であるルリボシカミキリの仲間が、誰にも発見されないまま対馬に生息しているなんて、絶対にありえない」という思い込みが見事に崩されたわけだ。

昆虫趣味の醍醐味は、世間や自分自身の中に存在している「バカの壁」を壊すこと、壊されることにある。思い込みと固定観念を捨ててフィールドに出た時、まだ見ぬ名虫との出会いが待っているはずだ。

28

オオヒョウタンゴミムシ

消えゆく砂浜の帝王

昆虫採集といえば山や森、というイメージがあり、海に採集に行く人は多くない。しかし、海岸の砂浜や周囲の草地には、他の場所では決して見られない昆虫が多数生息している。

私の地元の小針浜でも、7月中旬になるとシロスジコガネが大量に発生する。30分で100頭以上採れるときもある。海の近くのコンビニには、松林に棲むクロカミキリが飛んでくる。角田浜まで足を延ばすと、小型美種のコニワハンミョウが採れる。

砂浜に生息する昆虫の中で最も人気の高い種が、日本最大のゴミムシであるオオヒョウタンゴミムシだ。小型〜中型種の多いゴミムシの仲間の中では飛び抜けて大きく、最大級の個体は48ミリに達する。その大顎の巨大さからクワガタに間違えられることもある。かのファーブルもこの仲間に魅了

121　成虫。夜間に獲物を求めて地表を徘徊する。

され、『昆虫記』に詳細な観察記録を残している。分布は局所的で採集難易度も高く、斯界の帝王の名をほしいままにしている名虫である。

本種の生息条件である「海浜植物を伴う安定した広い砂浜、及び海岸後背地」は、最も開発の影響を受けやすい場所の一つである。平野部の人口集中域と重なっているため、1960年前後の高度経済成長期に、多くの砂浜が砂防林や堤防の建設によって消滅した。

地元の小針浜の周りには、マツとニセアカシアの砂防林が広がっている。小学生の頃、そこで昆虫を採ろうとしたことはほとんどなかった。「薬が空中散布されるマツの砂防林には、虫がほとんどいない」ということを、子どもながらに肌身で感じていたからだ。

砂浜に生息する昆虫の保全は、一筋縄ではいかない。国立公園の特別保護区になっている鳥取砂丘ですら、ハラビロハンミョウが姿を消し、エリザハンミョウも激減している。砂丘の過度の除草や砂防林の伐採が影響していると考えられている。

一方、人工的に作られた海岸で、地域ぐるみで稀少種を保護する取り組みが行われている地域もある。徳島市沖洲地区の人工海浜では、地域の住民や子どもたち、県・

企業・大学の研究者によって作られた「沖洲海浜楽しむ会」によって、絶滅危惧種であるルイスハンミョウの保全を目指して、生息環境の創出実験や観察会が行われている。海浜性昆虫の調査が進めば、地域や行政を巻き込んだ保全活動を行うことができる。そう考えると、山や森だけでなく、海を目指して昆虫の採集や調査に行く人がもっと増えた方が良いのかもしれない。

砂浜の帝王に拝謁《はいえつ》する日を夢見て、私も何度も砂浜や海岸林にトラップを仕掛けているが、一向に採れる気配がない。1946年から続く国内最長寿の昆虫同好会である越佐昆虫同好会会報のバックナンバーを調べると、1998年に新潟市での採集記録が載っているので、きっとまだどこかにいるに違いない……と考えているのだが、トラップに落ちるのは、帝王の影武者＝オサムシモドキと、海老のように反り返ったオオハサミムシばかりである。両手を広げて天を仰ぎながら「帝王は落ちぬ！　採れぬ！　現れぬ!!」と叫ばずにはいられない。

心が折れそうになるが、採集の帝王を目指す者たちに「逃走」の二文字はないのだ。ただ制圧前進あるのみ!!……というわけで、新潟県内でオオヒョウタンを採れるポイントをご存じの方、ツイッターのDMでこっそり教えてください（帝王失格）。

29

アシナガメクラチビゴミムシ

どっこい生きてる、闇《やみ》の中

ベッコウトンボ、アカハネバッタ、ゴイシツバメシジミ、ヤンバルテナガコガネなど、絶滅危惧種の昆虫は数え切れないほど存在し、年々その数を増やしている。

その一方で、実際に環境省のレッドリスト２０２０に絶滅種として登録されている昆虫は、実はわずか４種しかない。象やライオンなどの大型哺乳類とは異なり、圧倒的に小さく、生態自体に未知の部分が大きい昆虫は「絶滅した」ということを証明することが非常に難しいからだ。

絶滅種として登録されている４種のうち、２種がメクラチビゴミムシの仲間（カドタメクラチビゴミムシとコゾノメクラチビゴミムシ）である。この仲間は、翅と複眼が退化しており、視力を持たない。琥珀色に光る体と特殊な生態、そして採集難易度の高さから、古くから根強い人気を持つ。

125　成虫。闇の中、長い触角と脚で周囲を探る。

洞窟性昆虫の楽園である四国には特に固有種や固有属が多く、日本を代表する「超洞窟型昆虫」であるアシナガメクラチビゴミムシが生息している。極めて長い触角と脚は完全な闇の中で周囲を探るセンサーの機能、そしてヒョウタン型の盛り上がった体は、水滴で腹部の気門が塞がれて溺れることを防ぐ機能を果たしていると考えられている。生息地での個体数は決して少なくないが、卵や幼虫、蛹は未だに発見されていないという。

　チビゴミムシの仲間は、そのほとんどが日本固有種であり、2~3ミリの種が大半を占める。光の届かない洞窟や地下浅層、水脈を住処としており、それぞれの種がごく狭い地域にしか生息しておらず、複数の種が同じ場所で共存することはない。つまり、理論上は国内の地下にある水系の数だけの種数があることになる。とてつもない多様性だ。

　1951年、メクラチビゴミムシの仲間に関心を抱いた京都大学農学部の学生・上野俊一氏は、日本列島全体の洞窟を調査するプロジェクトを開始。当時知られていた国内のほぼ全ての鍾乳洞を探検・調査し、膨大な数の新種を発見した。チビゴミムシをテーマに博士論文を書き上げた上野氏は、この仲間の世界的権威として、その名を轟かせることになる。

　国内の主だった洞窟は、上野氏ら先人たちによって徹底的に調べ尽くされてしまったため、現在この仲間の新種発見を狙う場合、涸れ沢や山肌に地中トラップを仕掛けたり、山に登って源流付近でひたすら穴を掘って探す「土木作業」を行うことが必要になる。

　メクラチビゴミムシの仲間は、生息地である洞窟や地下水脈が天災や開発でなくなれば、あっけなく絶滅してしまう。高知県の石灰洞に生息していたカドタメクラチビゴミムシも、１９７０年代に石灰岩の採掘によって洞窟ごと削り取られ、わずか数年の間に姿を消してしまった。この悲劇を知った上野氏は、「惜しんでも惜しみきれない」と深く嘆いている。

　しかし２０１７年、洞窟の跡地周辺で約40年ぶりに生存が確認された。本種以外にも、生息地の洞窟が採掘工事で消滅したことで絶滅したと思われていたが、その後再発見された種はいくつかいる。ある昆虫が絶滅しているかどうか、絶滅から守られるべきかどうかは、結局は人間の視野（関心）にどれだけ入りやすいかで決まる。そこに昆虫の視点はない。目が見えていないのは、チビゴミムシではなく、私たち人間の方なのかもしれない。

30 ゲンゴロウ

悩み多きスイマー

　１９１３年、フランス領事のガロアは、東京の古道具屋で奇妙な木製の重箱を発見・購入した。その重箱は、江戸時代の旗本で本草学者の武蔵《むさし》石寿《せきじゅ》（１７６６〜１８６１年）によって作成された昆虫標本であった。この標本はガロアの英断によって東京帝国大学に寄贈され、現存する国内最古の昆虫標本として、現在は東京大学総合研究博物館に所蔵されている。石寿の標本の中には、当時はどこにでもいる普通種であったゲンゴロウが含まれていた。

　それから１１０年後の２０２３年、ゲンゴロウは国内希少野生動植物種の特定第二種に指定され、販売目的での捕獲や標本の売買は不可能になった。もし石寿の標本が２０２３年以降に発見されていたら、日本最古のゲンゴロウの標本は、歴史の闇《やみ》に消えていたかもしれない。

129　メスの成虫。オスは前脚が吸盤状になる。

ゲンゴロウという名の由来は、人名ではなく「玄甲《げんがわら》」（兵士の黒い鉄兜）から転じたという説がある。最大で40ミリを超える大型種だが、国内に１４９種いるこの仲間のうち、体長が20ミリを超えるのはわずか10種のみ。大半が豆粒サイズ〜それ以下の小型種であり、ヒメ・コガタ・チビ・ケシ・マメ・ツブなど、分類した昆虫学者たちの苦労が窺えるような紛らわしい名称がつけられている。日本のゲンゴロウ研究に先鞭《せんべん》をつけたイギリスの昆虫学者デビッド・シャープの名前は、「シャープゲンゴロウモドキ」として現在も残っている。

「Water tiger」と呼ばれる幼虫は強大な大顎を持ち、消化液を注入して獲物を消化する「体外消化」を行う。人間が嚙まれた場合、下手をすると一生残る傷になるので、注意が必要だ。

里山などの二次的自然＝適度に人の手が入った水田や水路、溜池に依存して生きてきたゲンゴロウは、戦後の経済発展や開発と共に、急速に個体数と生息地を減らしていった。幼虫は上陸して土中で蛹室を作るため、土の畦道がコンクリートで固められた水場では生きていけない。コイやオオクチバスの放流、アメリカザリガニの侵入も大きな打撃になった。

水生甲虫は元々愛好家の間では人気のあ

る仲間ではなかったが、１９８０年代半ばからのクワガタブームに続く形で、１９９０年代前半にゲンゴロウブームが巻き起こった。北海道や南西諸島で未記録種の発見が相次ぎ、国産種を網羅した図説も刊行された。ブームの中で、元々残りわずかだった生息地や個体群に、心無い採集者や販売を目的とした業者が殺到。この乱獲がとどめを刺す形になり、ゲンゴロウの仲間は各地で次々に姿を消していった。

　１９９６年、福井県の夜《や》叉ヶ《しゃが》池《いけ》だけに生息するヤシャゲンゴロウが国内希少野生動植物種に指定された。それを皮切りにして指定が相次ぎ、今では国内の昆虫の中でも、最も多くの種が国内希少野生動植物種に指定されているグループになっている。

　ゲンゴロウは、人の手が全く入っていない山奥の池や湿地には、ほとんどいない。つまり、人間と共に暮らしてきた昆虫である。大型種の中でも、コガタノゲンゴロウのように西日本の各地で増加し、新たな分布記録が確認されている、たくましい種もいる。

　国内最古の標本を、それが歴史の闇に消えてしまう前に救い出したガロアのように、ゲンゴロウが「昔はペットショップで売られていた絶滅昆虫」になってしまう前に、私たちにできることはまだあるはずだ。

31 オオミズスマシ

天覧甲虫

昭和８年（１９３３年）、昭和天皇が陸軍特別大演習のために福井県を訪れることになった。大の生物好きであり、生物学の研究者でもある天皇のために、福井県は県内の小学校及び中等学校の児童・生徒を総動員し、昆虫標本を徹底的に集めるように指示した。京都帝国大学から講師を招き、標本につけるラベルの形式まで細かく指導する熱の入れようだったという。

この「天覧昆虫標本」作成のために動員された児童・生徒は、１ヶ月で延べ６万４８７４人。作成された標本数は７万５２０３頭に達した[xiv]。国家元首を喜ばせるために、これだけの人数の子どもが昆虫採集に動員された国は、世界広しといえども日本だけだろう。この事業で得られた莫大な標本は、１９３８年に『原色福井縣昆蟲圖譜』としてまとめられている。

133　水面を泳ぐ成虫。

そんな「天覧昆虫標本」として記録が残されている「天覧甲虫」の一つが、オオミズスマシである。北海道から沖縄まで、全国各地の止《し》水域《すいいき》（溜池や水田など）に生息している。体長7〜12ミリほどになり、水面に落下した昆虫などを捕食する。上翅の縁は黄色で、他種と見分けることは容易である。水の表面張力を利用して、水面を滑るように旋回する姿から、英語ではWhirligig beetle（回転する玩具の甲虫）と呼ばれている。手に取ると独特の匂いを発することでも知られている。

ミズスマシの仲間は、上下に分離した複眼などのユニークな特徴から、水生甲虫の中でも知名度は高いが、実際に野外で見かける機会はかなり少ない。オオミズスマシは産地での個体数は多いため、この仲間の中では最も出会いやすい種かもしれない。

福井県の「天覧昆虫標本」の記録を見ると、本種やコオナガミズスマシなど、現在は全国的に減少傾向にあるミズスマシの仲間が、当時の福井市周辺では普通種だったことが分かる。同じく「天覧甲虫」の一つであるシャープゲンゴロウモドキも、現在では絶滅危惧種となっているが、当時は福井市をはじめ、県内各地に分布していたことが分かっている。

1960年代以降、ゲンゴロウやガムシ

などの水生甲虫の仲間は各地で減少しているが、ミズスマシの仲間の減少は最も深刻である。国内に生息する18種のうち、12種が環境省のレッドリスト（２０２０年版）に掲載されている。

湿地の開発や溜池の管理放棄、そして水質の汚染（＝洗剤や農薬などに含まれている界面活性剤の影響で、ミズスマシが水面に浮かべなくなった）などが原因と考えられているが、生息環境に変化がないにもかかわらず姿を消してしまった地域もあり、衰退の要因については不明な点が多い。理由の分からない減少に対しては、為す術がない。

ミズスマシの幼虫はヘビトンボの幼虫と似ていることから、甲虫の起源はヘビトンボの仲間であるという説もある。幼虫の生態も含めて、ミズスマシの仲間には詳しい生活史がわかっていない種も多いが、謎が解き明かされないまま、各地で産地の消滅が進んでいる。

私の地元の新潟でも、ミズスマシの仲間は自然豊かな栃尾の湧水池など、限られた地域でしか見たことがない。令和の世では昆虫採集に「天」の力を借りることはできないが、遠くない将来、県内の児童を総動員しても見つけられない甲虫になってしまう可能性が高い。

32 ルリコガシラハネカクシ

迷宮のラピスラズリ

ハネカクシの仲間は、日本国内だけでも２５００種以上が知られており、甲虫の中でも巨大な科である。黒や茶色の小型種が大半だが、金色の斑紋を持つキンボシハネカクシのような大型美麗種もいる。しかし、これだけの種数がいるにも関わらず、世間での知名度は極めて低い。

有毒種のアオバアリガタハネカクシは、古来より「青腰虫」と呼ばれて知られていたが、それ以外の種が注目を浴びることはまずない。そして野外で生体を見かける機会も少ない。私も子どもの頃は、ハネカクシの仲間は一度も見たことがなかった。

大人になってから、長岡の低山の林道で、道を横切るオオアカバハネカクシを採集した。モンスターサイズのアリかと思ったが、よく見ると翅があり、「これがハネカクシか！」と感動した。小柄ながら迫力のある

137　成虫の標本。生体の上翅はより鮮やかな瑠璃色に輝く。

図体で、しばらくコオロギや赤虫を与えて飼育した。短い前翅の中に後翅を10回以上細かく折りたたんで収納する姿は、何度見ても飽きない。

ハネカクシの仲間は、ニッチな「隙間産業」で生きることに活路を見出した甲虫である。甲虫の最大の利点である鞘翅を縮小させ、腹部を露出させた柔軟な体にすることで、樹皮下、土壌の落ち葉、砂浜の海藻、珊瑚礁の潮間域、果ては地中深くのアリの巣の中まで、他の甲虫が入れない様々な隙間に入り込み、安全かつ快適な居場所を確保することに成功した。

そのため、ほとんどのハネカクシは、ただ野山を散策しているだけでは見つからない。隙間の世界で生きる彼らに出会うためには、一定の知識と観察眼が必要になる。

彼らに高確率で出会えるポイントの一つが、キノコである。オオキバハネカクシの仲間は、その名の通りクワガタムシのような巨大な大顎と頭部を持つ。いかにも他の昆虫を襲って捕食しそうな見た目に反して菌食性であり、その大顎でキノコの傘や襞《ひだ》を砕いて食べる。

キノコは短命であり、あっという間に腐ってしまうので、それを食べるオオキバハネカクシも、2週間程度のごく短い期間で卵から成虫になるという。キノコを食べるために幼虫期間が短くなり、10ミリに満たない小型種にとどまっているが、もしこれが30ミリを超える大型種だったら、甲虫界でも人気爆発の種になっただろう。

　オオキバハネカクシの仲間と並んでキノコの近くで見られる種が、国内最美種の一つであるルリコガシラハネカクシである。体長12ミリほどで、瑠璃色に光る上翅を持つ。ハネカクシ科という巨大な迷宮の中で光るラピスラズリのような存在だ。上翅の色は、青から濃紺、紫まで、様々なバリエーションがある。平地では見られず、山地にしか生息していない。

　ルリコガシラは腐ったキノコなどの隙間に潜み、キノコに吸い寄せられた他の昆虫を捕食する。ツキヨタケなどのキノコでよく見られる普通種と言われているが、私はなかなか出会う機会がなかった。運良く発見しても、あっという間に逃げられてしまう。７月中旬、湯沢町の標高１３００メートル付近の登山道にあったキノコの中で食事中の個体を見つけ、ようやく採集することができた。毒もなく、ただ純粋に美しい「青腰虫」である。

　ハネカクシの世界は、まだその全貌すら見えていない、巨大な迷宮である。ラピスラズリの輝きに導かれて、この迷宮にチャレンジする人が増えることを願う。

33 ヨツボシモンシデムシ

黄泉《よみ》の国のイクメン

動物の死骸《しがい》に集まる「黄泉の国の住人」たるシデムシの仲間の中でも、ヨツボシモンシデムシは昆虫離れした高度な子育てを行う亜社会性昆虫である。小動物の死骸を見つけると、土の中に埋めて肉団子を作り、腐敗を防ぐための分泌物を表面に塗りつける。

幼虫が孵化すると、親の成虫はまず自ら肉団子を食べて、吐き戻したものを幼虫に口移しで与える。食事の世話と並行して、幼虫を狙う捕食性のハネカクシや、肉団子の乗っ取りや托卵を目論む同種のメスなどの厄介な侵入者を発見・撃退するためのパトロール作業も行う。特に同種のメスに乗っ取られてしまうと、せっかく産み育てた幼虫や卵はすべて殺されてしまうので、「絶対に負けられない戦い」になる。目の眩《くら》むような忙しさだが、幼虫の期間は、わ

メスの成虫。本種の体長は14〜22ミリで個体差が大きい。

ずか1週間程度。この期間を、雌雄のペア＝夫婦の共同作業で乗り切る。

本種の成虫は、上翅の先と腹部をこすり合わせて発音することができる。この音を用いて、夫婦の間で複雑なコミュニケーションを取るという、信じがたい能力を持っている。会話のない仮面夫婦では、厳しい自然界は生き残れないのだろう。

同じく保育活動をする虫に、コオイムシとコブハサミムシが挙げられる。コオイムシは、父親が卵を背負って、孵化まで守る。一見すると、シデムシ以上のイクメンに思えるかもしれないが、彼がその背で必死に守っている卵は、自らの精子で受精したものではなく、他のオスの子ども（！）であることも少なくないという。妻の不倫相手の子どもを命がけで守る、というのは悲惨過ぎる。コブハサミムシの母親は、孵化した子どもたちに生きたまま食べられてしまう。どちらか一方だけがワンオペ育児をするとロクな結果にならない。昆虫も人間も、やはり育児は夫婦で協力して行うのが一番なのだろう。

ヨツボシモンシデムシは、保育の生態を含めて有名な種だが、野外では一度も見たことがない、という人も多いだろう。本種に出会うためには、自然豊かな山地で腐肉《ふにく》を用いたトラップを仕掛ける必要がある。

鶏ガラを入れたトラップを数日仕掛けておくと、大量の銀蝿に混じって、ハチのように鮮やかなオレンジ色をした甲虫が集まってくる。運が良ければ、黒い甲冑を纏ったような姿の大型種・クロシデムシも一緒に採れる。

トラップで採れた個体は全身に赤いダニをつけていることが多いが、このダニは、同じく腐肉に集まるライバルであるハエの卵や幼虫を捕食させるために、シデムシが幼虫や蛹の頃（！）から身につけている「幼なじみ」であるという。

モンシデムシの仲間は、餌となる腐肉＝蛇や獣の死骸のない都会では生きられない。都市部の公園や林にトラップを仕掛けても、不気味なオオヒラタシデムシ（本種はミミズの死骸も食べるため、都市部でも生き残れる）の成虫と幼虫が大量にトラップに入って、「ウゲッ」と悲鳴を上げることうけあいである。

トラップに入ったシデムシの種類と割合で、その地域の自然の豊かさがわかる。オオヒラタシデムシの割合と自然の豊かさは反比例するが、ヨツボシモンシデムシの割合と自然の豊かさは比例する。日本の大都市の多くは、人間にとってもヨツボシモンシデムシにとっても、子育てのしにくい街になってしまっている。

34

オオクワガタ

昆虫界の暗黒卿

その圧倒的な大きさと風格、そして国産クワガタの中でも不動の人気と採集難易度の高さを誇る、まさに究極のクワガタである。オオクワガタの採集を夢にまで見ながら、その気高い姿を一度も拝むことがないまま大人になってしまった元昆虫少年も多いだろう。私もその一人である。小学生時代の6年間、毎年夏休みに山形県小国町の玉川発電所の光に集まるクワガタの夜間採集に精を出したが、オオクワガタは一度も採ることができなかった。

昔から山梨（韮崎《にらさき》）・大阪（能勢《のせ》）・福岡（久留米）が三大産地とされ、オオクワブームの契機となった1986年の『月刊むし』オオクワガタ特集号でも韮崎と能勢のポイントが詳細に紹介されている[xv]。

古くから大規模養殖がなされてきたカブトムシに比べると、クワガタムシの累代飼

樹液にやってきたオスの成虫。

育が一般化したのはかなり遅い。１９７０年代半ばには、ミキサーで粉末状にした朽《くち》木《き》をコーヒーの空き瓶に詰めて、そこで幼虫を育成〜羽化させる方法が紹介されていた。私も子どもの頃に読んだ記憶があるが、「クワガタの繁殖は難しい」というイメージしかなかった。

しかし、１９８０年代後半に菌糸瓶を利用した飼育法が登場し、状況は一変する。菌糸瓶は昆虫飼育の歴史においてルネサンスの羅針盤に匹敵する大発明であり、この文明の利器によってオオクワガタは「殖やせる虫」になった。

そして１９９９年の外国産種の輸入解禁により、クワガタ飼育者の人口は一気に増え、一大ブームが巻き起こった。『BE-KUWA』をはじめ、『趣味の昆虫』など、クワガタ専門誌が矢継ぎ早に創刊された。飼育技術の発達に伴い、野外では決して見られない巨大なサイズの個体を羽化させられるようになった。１９９９年には、80ミリの個体に１０００万円という破格の値がつけられ、メディアで大きな話題になった。

一方、外国産種の密輸や放虫、ネットオークションでの販売や採集をめぐるトラブルも続発した。オオクワガタの採集に没頭するあまり、私有地への不法侵入、チェンソーで台場クヌギを切り倒す、樹洞に入っている個体を燻《いぶ》り出すために発煙筒を使ってあわや山火事寸前など、人として越えてはいけない一線を越えてダークサイドに没入してしまった者は後を絶たない。まさに昆虫界の暗黒卿ともいうべき存在である。

　こうしたトラブルの影響で規制も年々強まっている。２０１７年には新潟県魚沼市で灯火採集が禁止になり、２０２２年にはヤフオク！での出品も禁止された。全盛期には6誌以上あったクワガタ専門誌も、今では『BE-KUWA』1誌しか残っていない。

　放虫個体と天然個体の交配があちこちで発生したことにより、野外採集個体のギネス記録も信憑性が失われることになった。オオクワの野外最大記録は76・6ミリだが、２０２２年の飼育個体レコードは93・２ミリであり、種の限界を超越した巨大さになっている。もはや野外に生息している個体数よりも、飼育されている個体数の方が多い可能性が高い。

　かつて幻の甲虫とされたオオクワガタは、今ではスズムシ以上にホームセンターや総合ペットショップで当たり前のように売られている存在になった。しかし、昆虫の愛好家、そして昆虫業界全体がダークサイドに没入しないためにも、オオクワガタをめぐって引き起こされた数々の黒歴史は、教訓として語り継がれるべきだろう。

35

ルリクワガタ

至高の瑠璃色

オオクワガタが「究極のクワガタ」だとすれば、「至高のクワガタ」はルリクワガタであろう。8〜14ミリほどの小型種だが、図鑑には必ず載っている名虫であり、その名前の響きと瑠璃色に輝く鞘翅の美しさに憧れる昆虫少年は多い。しかし、小学生の採集力（＝行動半径と経済力）ではまず採れないクワガタである。

戦前は幻の甲虫とされ、国産のクワガタの中ではただ1種の「青いクワガタ」として、愛好家垂涎の的であった。戦後、青森の昆虫研究家・下山健作氏によって生活史が解明されたが、5〜6月のごく短い期間にしか出現しないこともあり、1960年代までは採集方法のよくわからない稀少種であった。ルリクワガタの仲間は、ファーブルの地元・南フランスにも生息しているが、『昆虫記』には登場しない。あのファ

朽木から割り出されたオスの成虫。

ーブルの類稀《たぐいまれ》な観察眼をもってすら、ルリクワガタは発見できなかったのかもしれない。

稀代の甲虫ハンターであるジョージ・ルイスによって奈良の大台ヶ原などで発見された個体が１８８３年に記載されてから86年もの間、日本のルリクワガタは1種のみと思われてきた。しかし１９６９年、昆虫学者の黒沢良彦氏がルリクワガタの中に2種が混じっていることを発見。前胸背の後縁角の突出する種はコルリクワガタと命名された。

１９８０年代初頭には、藤田宏氏らによって山梨県の大菩薩峠で全身に極めて強い光沢を持つホソツヤルリクワガタが発見され、ルリクワブームの火付け役となった。また１９８７年にはコルリクワガタの中にさらにもう1種が混じっていることが判明し、ニセコルリクワガタと命名された。

短期間でルリクワガタの知見が飛躍的に進展した背景には、採集法の確立がある。朽木や倒木につけられた産卵マークを目印にして成虫を割り出す材採集や、初夏に新芽に集まる個体を採集する方法が判明し、全国的に多くの標本が集められたことで、地域ごとの変異が比較できるようになった。

一方、その裏返しとして、採集圧が問題視されるようになり、別種か同種かをめぐる議論も巻き起こるようになった。２００７年11月、新種として約20年ぶりに発表・記載されたタカネルリクワガタは、「産地が限られた狭い地域であり、採集者の集中で社会的なトラブルが起こる危惧があるため」という理由で、産地を伏せた形で記載論文が発表された。

　しかし業者によるネットオークションへの出品・高値での落札という事件が生じ、２００８年３月に環境省により「絶滅のおそれのある野生動植物の種の保存に関する法律」に基づく「緊急指定種」に指定・公示され、３年の間、採集や譲渡が禁止された。

　その後、生息地が愛媛県下の石鎚山系であることが公表され、生息密度は高く、そもそも開発も採集も困難な急峻な斜面に生息していることもわかり、３年後に国内希少野生動植物種への指定は見送られた。国を巻き込んでの大騒動を起こすほど、人を狂わせる魅力を持つ、まさに魔性のクワガタである。

　歴史にifはないが、もしファーブルが、彼が足繁く通った南フランスのヨーロッパブナの林でルリクワガタを発見し、観察と実験の対象にしていたら、本種に秘められた人を引きつける魔力の源も解明できたのかもしれない。

36 マグソクワガタ

「ハエだ！」
「コガネだ！」
「いや、クワガタムシだ！」

日本固有種であるマグソクワガタは、10ミリに満たない小さな甲虫で、クワガタムシのシンボルである巨大な大顎を持っていない。どう見ても小さなコガネムシにしか見えないが、れっきとしたクワガタムシの仲間である。名前に反して、マグソ（馬糞）を食べるフン虫でもない。

5月下旬、山形県小国町の林道にルリクワガタを探しに行った際、川の見える場所で休憩していたら、近くの石の上に小さな虫が止まった。ハエかと思ったら、コガネムシだった。しかし、よく見ると明らかに触角の形状がクワガタと同一である。これはもしや、と思って採集したところ、マグソクワガタのオスだった。

北海道で採集された個体を基にして1928年に記載された本種は、1960年に昆虫学者の野村鎮氏によって、クワガタム

シ科からコブスジコガネ科に移された。

しかし、マグソクワガタはコブスジコガネ科ではなく、クワガタムシ科の甲虫ではないか、と考える愛好家や研究者もいた。コブスジコガネ科にするには疑問点が多いが、かといってすんなりとクワガタムシ科に所属させるわけにもいかなかった。

マグソクワガタがクワガタムシ科であることを証明するためには、幼虫を発見して調べる必要がある。しかし、当時のマグソクワガタは滅多に発見できない稀少種であり、採集は偶然に頼るしかなかった。「5月から6月に、成虫は川原の砂地に集まる」という程度の乏しい情報しか存在しなかった。幼虫がどこにいるのか、何を食べているのかもわからない。

昆虫採集を少しでもやったことのある人であればお分かりだと思うが、ほとんど情報がない種の、それも誰も見たことがない幼虫を探し出す、ということは、頂上もルートもわからない山を登るようなもので、不可能に近い。まさにミッション・インポッシブルである。

そんな中、１９９０年9月、甲虫採集のスペシャリストである田花雅一氏が奈良県の北股川《きたまたがわ》で、苦労の末に本種の幼虫・蛹・新成虫の採集に成功した。幼虫は、砂地に埋もれている朽木の中に潜んでいた。

幼虫の形態を分析した結果、原始的なクワガタであるマダラクワガタやツヤハダクワガタとの共通点が多く見出され、マグソクワガタはクワガタムシ科に属するという結論に達した[xvi]。国内で長年に渡った分類上の混乱に、ようやく決着が着いた。

　マグソクワガタは、川原であればどこでもみられるというわけではなく、流木が大量に堆積され、砂地に埋まっているような場所で、４月から６月にかけて見られる。晴れた日の午後に活発に飛翔し、ポイントとタイミングが良ければ１００頭近い個体が乱舞している場面に出会えるらしいが、砂防ダムなどの建設により、流木が堆積すること自体が少なくなっているため、生息ポイントを探すことは難しくなっている。成虫は何も食べないため、トラップを仕掛けて採集することもできない。またメスはすぐに産卵行動に入ってしまうため、発見がより困難である。

　サイズも小さく、見た目も地味で、名前と生態が一致しておらず、採集も難しい、という負の条件が揃っているにもかかわらず、本種は愛好家の間では人気が高い。まさに「蓼《たで》食う虫も好き好き」と言える。人間同様、モテる虫には、外見などのスペックだけでは説明できない、不思議な魅力がある。

37 ミヤマクワガタ

深山の雄鹿

ミヤマクワガタの仲間は、その属名（*Lucanus*）がクワガタムシ科の科名（*Lucanidae*）の語源になっていることからも分かる通り、１７５８年に分類学の父であるリンネによってヨーロッパミヤマクワガタが記載されて以来、古くから研究されてきた由緒正しい甲虫である。

ドイツの画家アルブレヒト・デューラーによる作品「東方三博士の礼拝」（１５０４年）にも、ヨーロッパミヤマクワガタが描かれている。クワガタムシは英語でStag beetle（雄鹿の甲虫）と呼ばれている。雄鹿はキリストの象徴であり、邪悪な生き物であるヘビと戦う存在でもあったため、雄鹿の角のように勇壮な大顎を持つ本種が注目されたのだろう。

日本においても、ミヤマクワガタは高い人気を誇る。ノコギリクワガタは平地でも

オスの成虫は大顎の形で「基本型」「フジ型」「エゾ型」に分けられる。
写真の個体は、1つ目の歯が長いフジ型。

採れるが、ミヤマはその名の通り、山地まで行かないとなかなか採れない。そして何より、デカい。離島を除く本土に生息するクワガタの中では、オオクワガタを超える体長を誇る、最長のクワガタである。幼虫期の温度によって大顎の形が基本型・フジ型・エゾ型の3つに分かれることも特徴であり、コクワガタやスジクワガタなどの中型ドルクスには決して出せないオーラが漂っている。

　ミヤマクワガタの仲間には、奄美大島に細長い大顎を持つアマミミヤマクワガタ、伊豆諸島の御蔵島・神津島には、飛ばずに地面を徘徊する奇妙な小型種・ミクラミヤマクワガタがいるが、いずれも採集は禁止されている。

　佐渡はミヤマの大型個体が採れることで有名である。私もダムの外灯で、60ミリの個体を採った。とんでもないデカさのように思えたが、横綱〜大関クラスのサイズがウロウロしている佐渡の山の中では、せいぜい前頭程度の大きさである。ちなみに、クワガタのサイズは定規ではなくノギスで測る。クワガタの全長測定専用ノギスも販売されている。

　野外での採集が難しく、また野外採集個体よりも遥かに大きい個体を飼育下で容易に作出できるようになったオオクワガタでは、野外採集個体の大きさを競い合うことはすっかり下火になってしまったが、ミヤマに関しては、幼虫の期間が2年近くあり、低温飼育や羽化後の休眠管理（半年～１年）も必要になるなど、飼育下での繁殖に手間がかかることも手伝って、まだまだギネスは健在である。

　野外での最大サイズと飼育下での最大サイズは共に78・6ミリだったが、２０２２年、8年ぶりに飼育下最大記録が78・9ミリに更新された[xvii]。史上初の80ミリの大台に乗るのは、凄腕《すごうで》のハンターが深山で採集した個体か、それとも辣腕《らつわん》のブリーダーが育てた個体か。

　本種は、交尾・産卵を終えた後、晩夏～初秋には死に絶え、越冬できないと考えられてきた。しかし、温度管理された環境で飼育されている個体の中には、年を越して、翌年の春～夏まで生きる個体がいる。２０１９年の時点での飼育最長記録は２６５日間である[xviii]。夏に採集した個体を大切に飼育して、日本最長記録に挑戦するのも面白いかもしれない。

　年齢も学歴も社会的地位も関係なく、とにかく「良い虫」「デカい虫」を採ったやつが偉い。ミヤマクワガタは、そんな昆虫の世界の素晴らしさを教えてくれる名虫である。

38 ヒメオオクワガタ

釣り堀のプリンセス

「ヒメ」という名はあるが、オオクワガタとは全く生態が異なり、晩夏〜初秋に出現する昼行性の不思議なクワガタである。日本固有種であり、最大58ミリに達するが、大型のオスはなかなか採れない。

かつてヒメオオクワガタは採集方法が確立されておらず、狙って採ることの難しいクワガタの一つであった。そんな中、1982年に福島県南会津郡檜《ひのえ》枝《また》岐村にて、甲虫愛好家の山登明彦氏がヤナギのルッキング（見つけ採り）にて本種を採集する方法を発見。以降、全国から多くのクワガタ愛好家がヒメオオクワを求めて「檜枝岐詣《もう》で」を繰り返すことになった。

ただ、全国どこでもヤナギの木をルッキングすれば採れる、というわけではない。条件が良くても全く採れない地域や、普通種のアカアシクワガタしか採れない所も多

枝に止まるオスの成虫。

い。

　結果として、確実に採れる一部の地域に、採集者が群がることになる。シーズンになると、有名な採集ポイントは県外ナンバーの車で埋め尽くされる。

　昔は「昆虫採集で絶滅した昆虫はいない」「昆虫は採集ではなく、開発によって減る」と言われてきた。しかし、採集器具の発達により、採集者一人あたりの採集能力は増大した。交通網の発達により、採集に行ける範囲も拡大した。

　その結果として、有名なポイントに採集者が集中する傾向が強くなった。ここにSNSの登場が拍車をかける。人気種や稀少種を採集した画像や動画を投稿すると、たくさんの「いいね！」がつく。大量に採集すれば、ネットオークションで販売＝換金できることもある。

　ビーティングやスウィーピング、灯火採集のような機械的かつ無作為抽出的な採集方法であれば、自然破壊につながることはまずない。しかし、特定の昆虫を狙った特殊な採集＝朽木を壊す、樹皮をはがす、木々を伐採するなどの復元不可能な採集行為を繰り返すことは、自然破壊の危険性をはらんでいる。檜枝岐のヒメオオクワガタも、昔に比べるとかなり少なくなったという。

１９７０年代には、東日本・西日本・沖縄・離島の採集地案内をまとめたガイドブック『新しい昆虫採集案内』（京浜昆虫同好会編）が昆虫界のベストセラーになった。１９８０年代頃までは、『月刊むし』にも「採集地案内」が載っていた。都内から電車やバスで手軽に行ける好採集地、各都道府県で稀少種が採れる山など、ポイントまでのルート、採れる昆虫の種類や周辺にある樹木の種類まで、詳細に記されていた。しかし、今は採集地を伏せることがマナーになっている。ＳＮＳでも、採集地の詳しい情報を投稿する愛好家はほとんどいない。

他の誰かが開拓した有名産地に行って採集することは、「釣り堀採集」と呼ばれている。確実に採れるとわかっているポイントで採っても、どこか物足りなさを感じる人も多いのではないだろうか。理想的には、新しい産地を自ら開拓する＝自分が歩いた後が釣り堀になっていく、というのが一流の採集家なのだろう。

釣り堀に行く勇気がない私は、７月中旬、湯沢町の標高１３００メートルほどの登山道を歩き回って、ブナの倒木の下に隠れていたヒメオオクワのメスを1頭だけ採集することができた。ひたすらしんどい採集だが、「これでいいのだ」と自分に言い聞かせている。

39 ヒラタクワガタ

離島の主《ぬし》

日本最大のクワガタは何か。大半の人は「オオクワガタ」と答えるが、実際はそうではない。正解は、長崎の対馬に生息するヒラタクワガタ＝ツシマヒラタである。野外採集個体の最大記録は84ミリ。体長だけなら、沖縄のヤンバルテナガコガネを優に超える。

ヒラタクワガタは、江戸時代末期、長崎の出島に滞在していたドイツ人医師・博物学者のシーボルトによって採集された個体によって記載された、由緒正しい甲虫である。長崎県は、壱岐のイキヒラタ、五島列島のゴトウヒラタ、そして対馬のツシマヒラタと、80ミリ前後の巨大亜種がウロウロしている、ヒラタの王国でもある。毎年、「島の主」のような巨大個体の採集と記録の更新を目指して、多くのハンターが長崎の離島へ繰り出す。

165　幹の上を歩くオスの成虫。

　子どもの頃、ヒラタはオオクワと並ぶ憧れのクワガタであったが、新潟では滅多に採集することができなかった。本種は暖地性であり、関東以北で探すのはかなり骨が折れる。山間部ではなく、平地の雑木林や河川敷に生息していることが多い。採集を狙う場合、灯火にはあまり来ないので、河川敷にあるヤナギの木の根元にバナナトラップを仕掛けることが有効である。本種はあまり飛翔せず、地上を歩いて移動することが多いようだ。

　古くから日本に棲んでいたヒラタクワガタだが、現在、放虫による遺伝子攪乱《かくらん》という新たな脅威にさらされている。１９９９年11月に外国産クワガタの輸入が部分的に解禁になった直後から、野外に逃げた個体や、飼いきれずに逃された個体＝放虫が問題になっている。

　放虫は、かつては蝶の世界で大きな問題になっていた。１９８０年夏、山梨県の大月市郊外で、人為的に放蝶されたと思われるホソオチョウの朝鮮亜種が大発生し、ＮＨＫのニュースで取り上げられた。ニュースを見た愛好家たちが同地に殺到し、発生地の畑を踏み荒らし、幼虫の食草であるウマノスズクサを根こそぎ引き抜いて、地元の住民とトラブルになった。

　こうした事態を受けて、採集を禁止する

べく、大月市は外来種であるホソオチョウを天然記念物に仮指定してしまった[xix]。落語のような話だが、日本の昆虫史に残る黒歴史である。

時が経ち、現在は各地の公園や野山で、日本にいないはずの外国産クワガタが目撃されるようになっている。前述の通り、日本のヒラタクワガタは、島ごとに固有の亜種が生息している。放虫された東南アジアのヒラタと交雑することで、遺伝的な固有性と多様性が失われてしまうことが懸念されている。

２００５年の外来生物法施行以降、外国産クワガタの輸入・販売・飼育を規制すべきか否かについては、研究者や業者の間で議論が続いている。２０１８年にはマルバネクワガタ属の中でも比較的大型の外国産10種が特定外来生物に指定された。

現在、全ての外国産クワガタは定着予防外来種に指定されているが、愛好家・研究者・販売業者などによる啓発活動の成果もあり、幸いにも、輸入解禁から20年以上経った現在も、定着の確認されている種はいない。

古代より連綿と続いてきたヒラタの王国を遺伝子汚染から守るためにも、引き続き、我々クワガタ愛好家のモラルと連帯の力で、この状況をキープしていきたい。

40

オニクワガタ

寡黙《かもく》な天邪鬼《あまのじゃく》

その名の通り、オスは鬼の角のように上向きに湾曲《わんきょく》した大顎を持つ。20ミリ前後の小型種でありながら、他の国産クワガタとは一味違うカッコよさを持った種である。

　主に標高１０００メートル以上のブナ帯に生息しているが、東北や北海道では低山地～平地でも見つかるという。野外で見かける個体はオスが多く、メスは少ない。幼虫は白色腐朽材を食べて育つが、同じ朽木の中でも、寒さに弱いスジクワガタの幼虫が嫌がる低温の部位や、高湿度に弱いアカアシクワガタの幼虫が避ける水気の多い部位を選好して育つ天邪鬼である。決して稀少種ではなく、灯火に集まるとも言われているが、私のフィールドである新潟県では、滅多に見ることができない。

　下越や中越のブナ林で探しても一向に見つからなかったため、意を決して、上越に

169　木の上で静止するオスの成虫。

ある標高１０００メートルのブナ林で夜間採集をすることにした。昼間に現地の下見をしてルートを確認し、道に迷わないように十分準備をして、日の暮れかかった18時過ぎに林に入った。

暗闇の中、ライトを照らしながら30分ほど林道を進んでいくと、朽ちて崩れかかったブナの立ち枯れを発見した。慎重にライトを当てて周囲を調べると、幹の上に、湾曲した大顎を持った小型の黒いクワガタが静止していた。オニクワガタのオスだ！　文献で読んだ通り、やはり夜間に朽木や立ち枯れに集まるのか。狙い通りだ。

念願の目標を達成し、意気揚々と帰路を進んだが、いつまで経っても出口につかない。妙だな。不安な気持ちを抑えながら進むと、暗闇の中、見たことのない金網と鉄塔が出てきた。どこかで道を間違えたのだ。森の中は既に真っ暗で、遠くで鳥の声が不気味に響いている。

生きた心地がしなかったが、「迷ったら、必ず来た道を戻る」という登山の鉄則を思い出して、これまで通って来た道を慎重に早足で戻った。30分後、なんとか無事に森の入口に戻ることができた。その途端、どっと汗が出てきた。入念にルートの下見までしたのに、まさか道に迷うとは。もしかしたら、オニクワガタの呪いだったのかもしれない。

近年、離島でのクワガタの採集規制が強まっている。夜間に森の中を歩き回らないと採集できなかったマルバネクワガタの仲間は、そのほとんどが採集禁止になった。規制の背景には、乱獲や発生木の破壊、採集用のトラップを回収せずにそのまま放置して帰るなど、採集者のマナーの悪さも影響している。これは最近の話ではなく、１９７２年の沖縄返還の時から延々と続いている問題である。１９８０年代の昆虫雑誌にも、地元住民にバナナトラップを捨てられた愛好家の話などが載っている。

オニクワガタは、バナナトラップには来ない。なぜなら、そもそも成虫は餌を食べないからだ。人気のないブナ林で晩夏に発生し、何も食べずに、交尾・産卵を終えた後、ひっそりと死んでいく。

国内外のクワガタの多くがショップやネットで簡単に購入できるようになった今、夜のブナ林に分け入り、自分の足と目で探さないと出会うことが難しいオニクワガタは、クワガタ採集の原点を堪能することのできる、貴重な種になっている。

人気種の採集や外国産種の飼育に疲れた時は、ブナ林に足を運び、この寡黙な天邪鬼に会いに行こう。ただし、夜道で迷わないように気をつけながら。

41 オオセンチコガネ

トイレの神様

獣のフンを食べる甲虫＝フン虫は、色彩の美しさや形態の奇妙さ、生態のユニークさなどから、昔から根強い人気を誇る。

フン虫を採集するためには、フンを使ったトラップを仕掛ける必要がある。牧場からフンをもらってくる「馬糞使い」や「牛糞使い」、愛犬の散歩を装ってフン虫の集まりそうなポイントにフンをさせる「犬糞使い」、さらには「セルフトラップ（＝自ら野外で用を足して集める、つまり人糞使い）」など、様々なやり方がある。

肉食獣のフンが必要な時に、動物園から虎のフンをもらってくる猛者もいれば、いつでもトラップを仕掛けられるよう、冷凍庫で愛犬や自分のフンを保管する人もいる。昆虫に興味のない一般の人には、ちょっとついていけない世界かもしれない。

そんなフン虫の中でも、最も美しいと言

173　オスの成虫。メスと比べて頭楯の金属光沢が強い。

われている種がオオセンチコガネである。大きな個体は20ミリを超え、かなり見応えがある。センチは「雪隠《せっちん》」＝トイレの意味であり、直訳すれば「デカいベンジョコガネ」というひどい名前になるが、その鏡のような金属光沢の強さと美しさは、国内に生息する美麗甲虫の中でも随一である。

図鑑や動画で見ても「ふ〜ん、きれいだな」くらいにしか思わないかもしれないが、初秋の森の木漏れ日の下で見る本種の新成虫（特にオス）の美しさは、筆舌に尽くしがたいものがある。本種に限らず、スマホで画像や動画を検索しただけで、昆虫を見た気・知った気・採った気になってはいけない。ちゃんと野外まで足を運ぼう。

オオセンチコガネは、私の最も好きな甲虫の一つである。森の中を虹色に輝きながら低空飛行している姿を見つけ出し、狙いを定めて捕虫網を振り下ろす。うまくネットインできた時の快感はやみつきになる。

本種は局所分布であり、いるところにはいるが、いないところには全くいない。探すときは、餌となる獣のフンの多い地域＝鹿や猿、猪の生息地が狙い目だ。畑の周りに張り巡らされた獣害防護柵は、彼らの存在を匂わせる重要な手がかりである。

オオセンチを呼び寄せる手段として、さすがに牛馬や自分のフンを使う勇気はないので、市販の「臭豆腐」を使っている。一応食べ物であるが、限りなくそれに近い強烈な匂いがするため、森の中で開封してトラップに仕掛けると、すぐにオオセンチが寄ってくる優れものだ。しかし、間違って家の中や車内で開封してしまうと大惨事になるので、要注意だ。

古代エジプトでは、フンの玉を転がすスカラベ（タマオシコガネ）が、太陽神ケプリと同一視され、崇拝の対象とされていた。太陽や月の光など、天空に輝く星々を道しるべにしてフンを運ぶ姿は、確かに神の意志を感じさせる。日本のフン虫も、大黒や閻魔など、神々の名前がつけられているものが多い。フン虫の三大聖地と言われている宮城県の金華山、奈良県の奈良公園、広島県の宮島も、いずれも古くからの神域である。

オオセンチの色彩には地域差がある。私の住んでいる新潟で採れるオオセンチは赤色に輝く個体が多いが、北海道の日高地方や三重・滋賀・京都・兵庫などでは緑色の個体も見られる。また全身がエメラルドブルーに輝く個体は「ルリセンチコガネ」と呼ばれており、奈良周辺や伊勢神宮、熊野や屋久島など、神々の気配を色濃く感じる土地で、その姿を見ることができる。まさにトイレの神様である。

42 ミヤマダイコクコガネ

深山の大黒様

ダイコクコガネは、昆虫好きなら誰もが憧れる名虫であろう。国内の甲虫で、カブトムシに匹敵する立派な角、そして30ミリ近い重量感のある体軀《たいく》を持っているのは本種だけである。

しかし、ダイコクコガネは絶滅危惧種になって久しい。牧場の減少や薬剤使用の影響、過度の採集圧によって、全国各地で個体数は著しく減少。環境省のレッドリストでは絶滅危惧II類に指定され、大半の都道府県でレッドリストに載っている。山形や千葉などの県では既に絶滅している。私の地元の新潟でも、かつては佐渡や妙高・笹ヶ峰の牧場に生息していたが、現在はいずれも絶滅産地になっている。

ダイコクコガネの仲間は、人間による牛馬の放牧が始まる以前は、鹿や猿、カモシカのフンに依存していた。石川県珠洲市か

177　オスの成虫標本。

らは、約2000万年前の巨大なダイコクコガネ（ムカシナンバンダイコクコガネ）の化石が出土している。絶滅したマストドンなどの大型哺乳類のフンを食べて生きていたのかもしれない。

　ダイコクコガネは人間が作り出した牧場や家畜のフンに依存したために絶滅危惧種になってしまったが、野生哺乳類のフンにも依存している他の仲間は、どうにか絶滅を免れている。その一つが、ミヤマダイコクコガネだ。体長は20ミリ前後で、ダイコクコガネに比べると角も体軀もやや小さいが、国内のフン虫の中では大型種であり、なかなか貫禄がある。頭部や前胸に赤い斑紋が現れる「赤斑型」と呼ばれる個体変異が生じることもある。

　成虫は5月下旬から10月中旬まで活動し、7月下旬から8月下旬に最も多く見られる。分布は局所的であり、新潟では滅多にお目にかかれない種である。山形や福島との県境あたりに潜んでいるのでは、と睨んで長年探し続けているが、一向に見つからない。

　ミヤマダイコクは灯火にも集まるが、深夜0時前後の遅い時間に飛来するため、その時間帯まで粘るのは辛い。7月中旬、山形県小国町の山で灯火採集をした時、一緒に採集をしていた昆虫仲間のMさんから「坂爪さんが帰った後に、ミヤマダイコクのオスが飛んできましたよ」と言われて、「あと1時間待っていれば……」と激しく後悔したこともある。

10月上旬、まだ見ぬ深山の大黒様の御姿《おすがた》を拝むべく、Mさんたちと一緒に山形県の牧場に採集に行った。Mさんが事前にアポを取ってくださり、特別に入場を許可してもらうことができた。丘陵地の一面に草原が広がり、秋風も心地よい。気分はアルプスの少女である。

無表情な牛たちの視線がちょっと怖いが、この貴重な機会と限られた時間を無駄にしてはいけない。約1時間半、草原のあちこちに点在する牛フンをひたすらスコップでかき分け、ミヤマダイコクを探した。

小型種ながら立派な角を持っているゴホンダイコクコガネは大量に出てきた。また「エレガンス」と呼ばれる美麗種・オオフタホシマグソコガネも採集することができた。しかし、残念ながらミヤマダイコクは1頭も掘り出すことができなかった。深山の大黒様に拝謁するためには、まだまだ修行が足りないのかもしれない。

ダイコクコガネの仲間が、人も牛も馬もいなかった有史以前の記憶を呼び覚まし、家畜のフンから野生哺乳類のフンに回帰して、全国各地で再び見られるようになる日が来ることを願ってやまない。

43

オオヒゲブトハナムグリ

気まぐれな南国の髭《ひげ》男爵《だんしゃく》

与那国島・西表島・石垣島に分布する美麗種。体長は13〜17ミリほどで、多彩な色彩変異を持つ。金色を帯びた赤・緑・青の個体が中心で、中には黄緑や橙、青緑や赤紫に輝く個体も見られる。コガネムシの中でも特異な形態を持ち、古い時代の残存種とされている。

愛好家垂涎の種であるが、採集は難しい。その理由は、本種の発生時期の短さにある。

3月中旬〜4月上旬にかけて発生するが、発生のピークはわずか数日〜1週間程度と短い。出現する地域も局所的であるという。

本種は、オスとメスで発生のタイミングが異なる。まずオスが発生し、晴れた日の日中、イタジイの樹冠部を群飛する。その後メスが発生し、ヤンバルアワブキの花に集まる。

「3月中旬〜4月上旬」「晴天の日」「ヤン

多様な色彩変異（金色を帯びた赤・緑・青）。

バルアワブキの花が咲いている場所」という3つの条件を満たせば、論理的には採れる。だが、春の八重山諸島は天候が不安定であり、悪天候の続く年は全く見られないこともあるという。またヤンバルアワブキも厄介な植物で、年によって花の咲く時期が変わる。そもそも樹高10～20メートルにもなる高木であり、主に樹冠部に花が咲くため、下から見上げただけでは花が咲いているかどうかもわかりづらい。

出会うだけでも骨の折れる種であるが、それゆえに多くの愛好家を惹き付けており、本種を狙って毎年八重山諸島に長期滞在する人や、樹冠に集まる成虫を観察するために、山の中に8メートルの櫓《やぐら》を立てた人もいる[xx]。

「そこまでやるか」と思うかもしれないが、本種に限らず、実は大多数の昆虫は、発生する時期や天候、気温や集まる場所を入念に事前調査して、狙って探さないと採れない。ただ漫然と野山を歩いているだけで採れる種は限られている。「図鑑に載っているけれど、一度も見たことがない」という昆虫はたくさんいると思うが、それは単純にあなたが「狙って探していないから」である。大半の昆虫は、狙って探さなければ永久に出会えない。

南西諸島や各地の離島など、都会の喧騒

を離れた自然豊かな場所に行きさえすれば、自動的に珍しい虫に出会えるイメージがあるが、現実はそう甘くない。沖縄本島や奄美大島などに生息する1属1種の珍種・ケブカコフキコガネは、2年に一度、冬にしか出現しない。図鑑で目を引く美麗種・稀少種・大型種の多くは、一定の時間内に特定の条件を満たさないと出現しない、ゲームの隠しアイテムのような種ばかりである。

しかし裏を返せば、その条件さえ満たせば、誰でも採れるのだ。昆虫は極めてロジカルに行動する生物なので、理詰めで戦略を立て、諦めずに挑戦を繰り返せば、どんな珍種であっても、いつか必ず採集できる。昆虫採集は、公平かつ努力の報われるスポーツだと言える。

「オオ」のつかないヒゲブトハナムグリは、本州にも生息している。この種も5月上旬～中旬の短い期間にのみ出現し、林の開けた場所で活発に飛翔する。かつては東京23区内にも生息していたが、１９７０年代半ばにほぼ姿を消した。多摩地域にはまだ生息地が残っており、町田市の小山田緑地で出会ったことがある。気まぐれな髭男爵に謁見したいが、八重山諸島まで行けないという人は、まず5月初頭の晴れた日、小田急多摩線に乗って本種を探しに行くことをお勧めしたい。

44

カブトムシ

不動の横綱

イギリスの生物学者J・B・S・ホールデンは、高名な神学者たちから創造主の本性について尋ねられた際、「創造主である神は、法外に甲虫をひいきしておられるようですな（God's inordinate fondness for beetles.）」と答えたという。

　世界で約38万種が知られており、全生物中で最も多い種数を誇る甲虫の仲間は、確かに神に愛された昆虫なのかもしれない。

その中でも、神の寵愛《ちょうあい》を一身に受けたような勇壮な姿をしているのがカブトムシの仲間だ。世界のカブトムシには、「ネプチューン」や「ヘラクレス」など、神話に登場する神々や英雄の名がつけられている。

　日本のカブトムシの亜種名「*septentrionalis*」は「北方」を意味する。カブトムシ全体の中でも、最も北に生息している個体群である。

185　オスの成虫同士の争い。

クヌギやコナラのある里山の雑木林だけでなく、東京23区内などの都市部にも、場所によってはかなりの高密度で生息している。世界的に見ても、都市部の近くで80ミリを超える大型のカブトムシを観察・採集できる地域は、決して多くない。

全国各地で雑木林が消え去り、里山に棲む昆虫が激減している中でも、カブトムシは公園や大学、神社などの緑地を利用してたくましく生きている。樹液を出すクヌギの少ない地域では、シマトネリコやアラカシ、タブノキなどを利用している。

埼玉県の小学生・柴田亮君は、夏休みの自由研究で、シマトネリコに集まるカブトムシの研究を行い、「日本のカブトムシは夜行性」という定説を覆《くつがえ》すデータを収集した。

２０２１年4月、柴田君とカブトムシの研究者である小島渉氏との共同研究という形で執筆された論文が世界的な学術誌『エコロジー』に掲載され、大きな話題になった。誰もが知っている有名昆虫にも、まだ誰も知らない事実が隠されている。それを突き止めれば、小学生でも世界を驚かせる研究ができる。昆虫を愛する全ての少年少女に夢を与えるエピソードである。

カブトムシの研究者は非常に少ないが、ブリーダーは非常に多い。日本最大級の甲虫であるにもかかわらず成長が速く、幼虫の飼育も容易であるため、日本では古くから大規模養殖が行われてきた。

我が家でも、家族旅行で訪れた湯沢町のホテル付近の森で採集したペアに卵を産ませ、子どもたちが飽きるまでの4年間、累代飼育した。幼虫飼育のためのマットやコバエ防止シートが近所のホームセンターで売られている国は、世界広しといえども日本だけである。子どもの代わりにマットを交換したり、コバエの駆除に頭を悩ませていると、むしろ人間がカブトムシに飼われているような気分になってくる。最後に羽化した4代目の個体は、オスとメスをペアで標本にして、仕事部屋に飾っている。

人里離れた山奥でカブトムシを探すことは、逆に難しい。特に幼虫に関しては、もはや完全に自然な環境から見つかることのほうが珍しいと言われている。

人間の作り出した里山の雑木林、そして都市部の緑地で王者として君臨し、飼育動物としても不動の地位を確立しているカブトムシは、「最も人間を利用することに成功した昆虫」だと言える。

これからも私たちは、マットの交換とコバエの防除に追われながら、神の寵愛を受けた「不動の横綱」の人気を支え続けていくのだろう。

45 コカブト

バリバリ最強No.1

日本にカブトムシは1種類しかいないと思っている人は多い。しかし、実際は5種類いる。その名の通り、一角獣のような角を持つサイカブトと、南大東島固有の超稀少種・ヒサマツサイカブト。喜界島や沖永良部島などに分布し、体長わずか12〜15ミリの国内最小種であるクロマルカブト。いずれも南西諸島の種であり、本土の人間にとって身近な存在ではない。

国内に生息する「カブトムシ以外のカブトムシ」の中で、最も分布域の広い種がコカブトである。体長は18〜26ミリで、雌雄ともにごく小さい角がある。前胸の中央が大きく・丸く凹んでいるのがオスで、細長く・縦に凹んでいるのがメスである。北海道から南西諸島まで生息しているため、身近に出会える甲虫である……と言いたいところだが、カブトムシのように樹液やバナ

オスの成虫。前胸の中央が大きく・丸く凹む。

ナトラップには集まらないため、狙って採集することは意外と難しい。私も子どもの頃は、一度も本種を見つけることができなかった。

大人になって虫採りを再開し、7月下旬に山形県小国町で外灯回りをした時に、アスファルトの上にポツンと佇む黒い甲虫を見つけた。見たことのないコガネムシだな……と思ってよくよく観察すると、コガネムシではなくコカブトだった。灯火に集まるが、それほど数は多くなく、せいぜい毎年1～2頭しか見かけない。日中、伐採木の積まれている土場《どば》で見かけることもあり、なかなか捕まえどころが分かりづらい虫である。

山地だけでなく、都市部の公園にも生息しており、5月下旬に八王子の長池公園の木に止まっている個体を見たことがある。

樹液を吸うカブトムシと異なり、コカブトは肉食である。カブトムシやクワガタなどの大型甲虫の死体をバリバリ食べてしまうこともある。

立派なサイズのノコギリクワガタのオスを採った際、「まさかノコギリがコカブトを襲うことはないだろう」と、うかつにも一晩同居させてしまったことがあった。朝になってケージを見ると、ノコギリの無惨なバラバラ死体が散らばっており、言葉を失った。

卵から成虫になるまで８ヶ月近くかかるカブトムシに比べて、コカブトはわずか２ヶ月で成虫になる。カブトムシの成虫は秋になると死んでしまうが、コカブトの成虫は越冬する能力を持っており、１年半近く生きる個体もいる。

カブトムシとクワガタについては、虫好きの子どもたち（＋いい年をした大人たち）の間で、「どの種が最強か」という議論が昔から行われているが、長い寿命と越冬能力を持ち、自分より大きなカブトやクワガタを解体してバリバリ食べてしまうコカブトこそが、実は隠れた最強種であり、真のムシキングなのではないだろうか。

世界に約１６００種いるカブトムシの仲間の中で、ヘラクレスやコーカサス、ケンタウルスなどの巨大な角を持った大型種は、実はかなりの少数派である。世界中に分布するコカブトやマルカブトの仲間をはじめ、中南米のスジコガネモドキやマダガスカルのヘクソドンの仲間など、大半は30ミリに満たない小型種であり、オスも角を持っていない。

カブトムシの仲間の繁栄を下支えしている彼らに言わせれば、角などただの飾りにすぎないのだろう。偉くなった私たち大人には、それがわからないのかもしれない。

46

オオコブスジコガネ

最後の掃除屋

「トロックス（*Trox*）」と呼ばれるコブスジコガネの仲間は、ケラチン食（角質タンパク質）に特化した原始的なコガネムシのグループである。装甲車のようなゴツい体軀を持ち、死んだ動物の体毛や羽根、骨などを食べる。10ミリ前後の小型種が多い。

動物の死骸には、シデムシ、ハネカクシ、エンマコガネなどの様々な昆虫が集まるが、それらは腐肉及びそこから発生するウジなどを食べているだけであり、骨や羽毛までは食べない。動物の骨まで分解できるのは、フン虫の中でもこのグループだけである。「最後の掃除屋」というポジション、そしてその独特の体型と稀少性から、トロックスに骨抜きにされてしまう愛好家は少なくない。

トロックスの仲間は、野山にある動物の死骸から偶然採れる種であり、長年「夢の

193　成虫の標本。小型種ながら重厚なフォルムを持つ。

フン虫」とされてきたが、１９９０年代半ば頃から、鶏の羽などの羽毛を用いたトラップで採集できることが判明し、生態や分布が少しずつ明らかになっていった。羽毛トラップは、仕掛けた翌日～数日後に回収する他のトラップと異なり、早春に風通しの良い山の尾根や斜面に設置して、夏頃まで定期的に見回るという長期戦が有効だという。目先の成果に一喜《いっき》一憂《いちゆう》せずに、気長に楽しめる採集かもしれない。

　路上で車に轢《ひ》かれて死んでいる野鳥やモグラ、アナグマを見ると、大半の人は目を背けるか、手を合わせると思うが、甲虫の愛好家は「これをトラップに使えばトロックスを採れるのでは」と真剣に考えてしまう。誘惑に抗えずに死体を回収して車に乗せてしまうと、移動中に車内に腐敗ガスが充満して、地獄を見ることになるが。

　トロックスの仲間の中に、コブナシコブスジコガネという、矛盾した名前の珍種がいる。羽毛トラップには集まらず、長年生態が不明とされてきたが、フクロウの巣がある大木の洞内に生息していることが判明した。フクロウの幼鳥が吐き出すペリットを餌にしているという。

　その他にも、キツネのペリットを食べる種や、サギのコロニーに集まる種など、他の甲虫がまず見つからないような特殊な場所に生息する種もいる。木の上にひっかかって死んでいる鳥の死体をビーティングすると、コブスジコガネがバラバラ落ちてくることもあるという。寝苦しい夜の夢に出てきそうな採集方法だ。

国内最大種のオオコブスジコガネは、体長11〜13ミリほどで、植生の豊かな海岸の砂浜に生息し、暖流に乗って打ち上げられる動物や海鳥、魚の死骸を餌にしている。

１９３６年に伊豆諸島の新島で採集されて以来、ほとんど生態がわからないまま、１９８０年代以降は発見の記録も途絶えてしまった。

21世紀になった２００４年、茨城県鹿島の海岸における灯火採集で再発見され、生態の解明が進んだ。本州では茨城県から愛知県にかけての太平洋側の海岸、波打ち際から海岸林の間にある砂浜に生息し、鳥や魚、打ち上げられたイルカの死骸の下に潜んでいる。涼しくなる日没後の数時間に地表に現れ、活動する。羽毛よりも、鳥の脚の皮を好んで食べ、成虫同士で共食いもするという。

骨まで食べる「最後の掃除屋」が、別の意味での「最後」＝絶滅種になってしまわないためにも、この仲間に関心を持つ人たち＝トロックスに骨抜きにされる人が増えて欲しい。

47

オオチャイロハナムグリ

「古《いにしえ》の秘宝」を嗅《か》ぎ当てろ

ハナムグリの仲間は、その名の通り花の中に潜って花粉や蜜を食べる種も多いが、花以外の場所に潜る種もいる。アカマダラハナムグリはタカやコウノトリ等の大型鳥類の巣に潜って産卵し、幼虫は巣の中で育つ。西表島に生息する稀少種・チャイロホソハナムグリはアリの巣の中に潜っていると考えられている。

国内最大のハナムグリであるオオチャイロハナムグリは、原生林にある古木の樹洞に潜って生活している。最大で35ミリを超える巨躯《きょく》は、使い込んだ銅器のような渋い光沢を持つ。見た目に反して、オスは焼き林檎のような甘い芳香を放つという。

北海道と沖縄以外の全国に広く分布しているが、その生息域はかなり局地的である。他のハナムグリのように花には集まらず、樹洞から離れずに暮らすため、滅多に見つ

197　幹の上を歩くメスの成虫。

からない。イギリスでは、この仲間は「隠者の甲虫」（Hermit beetle）と呼ばれている。

かつては、一匹採集されると、その地域の昆虫の同好会報で話題になるような珍種であった。大正・昭和初期の昆虫界をリードした平山修次郎氏が著《あらわ》し、手塚治虫氏をはじめとした当時の昆虫少年のバイブルであった『原色千種昆蟲圖譜』（１９４１年刊行）にも、稀な種であると記載されている。まさに古の森に眠る秘宝のような甲虫である。

作家の北杜夫氏は、箱根で偶然、飛翔中の本種を発見。桜の木にとまったところを採集することができ、それをきっかけに昆虫採集にのめりこむようになったという。

令和の時代になっても、本種の採集は決して容易ではない。20年以上探しても数頭しか見つけられない、死骸しか見たことがない、という話もザラである。岩手県の源兵《げんべ》衛平《えだいら》など、豊産地として知られた場所もあったが、開発や伐採などの影響で採れなくなってしまったケースも多い。

ちなみに本種の飼育・繁殖自体は容易であり、市販のカブトムシマットで殖やせる。飼育下繁殖個体の標本が販売されていることもある。ぜひ私も飼育して殖やしてみたい……と思うが、そのためにはまず生体を採集しなければいけない。堂々巡りである。

オスの放つ独特の芳香は、焼き林檎や麝《じゃ》香《こう》のような匂いと言われており、かなり遠くからでも嗅ぎ取ることができるため、「鼻で採集」できる数少ない甲虫である。ちなみにメスは匂いを出さないため、発見が難しい。

私も新潟県内のあちこちのブナ林で何度も探したが、見つからない。そもそも樹洞自体がない。ようやく見つけた樹洞をライトで照らして覗き込んでも、オオチャイロの姿はない。その代わりに、茶色いカマドウマが、人間の努力をあざ笑うかのように飛び出してくるだけだ。

8月上旬、車で片道2時間半かけて小国町のブナ林まで探しに行った。探索開始からまもなく、ブナの幹に張り付いている茶色い大型の甲虫を発見した。やっと見つけた！と思ったら、まさかのノコギリカミキリだった。その後、林の中を2時間以上歩いたが、見つかるのは苔《こけ》むしたブナの樹皮に擬態するヒゲナガゴマフカミキリばかり。オオチャイロハナムグリの姿はもちろん、その匂いを感じることすらできなかった。「古の秘宝」は、簡単に見つからないからこそ価値があるのだろう。焼き林檎の匂いを嗅ぎ当てる時を夢見て、私は来年の夏もブナ林を徘徊する予定である。

48 アオアシナガハナムグリ

絵本の世界の住人

昆虫を題材にした子ども向け絵本は数え切れないほど出版されているが、その中でも群を抜く存在感を放っているのが、細密画家の熊田千佳慕《ちかぼ》氏（１９１１〜２００９年）の作品である。ファーブルの『昆虫記』の絵画化をライフワークにした熊田氏の作品は、絵本『ファーブル昆虫記の虫たち』全五巻として刊行されている。

熊田氏の細密画に登場する昆虫たちは、いずれも驚異的な観察眼と技術によって描かれ、写真以上の圧倒的な臨場感と情報量を有しているが、それ以上に伝わってくるのが、熊田氏の昆虫に対する強烈な愛情である。それぞれの種の特徴と魅力を最大限に引き出すアングルと場面で描かれているため、アシナガバチやハナアブのような普通種であっても神秘的な美しさを放っており、作品の風景の中に引き込まれるような

201　葉上の成虫。その名の通り、長い脚を持つ。

感覚に襲われる。

ファーブルが暮らしていた南フランスの「アルマス」の庭では、多くのハナムグリが飛び交っていた。熊田氏の作品の中にも、『昆虫記』に登場するキンイロハナムグリやツヤハナムグリを描いたものがある。身近な甲虫であるハナムグリが花粉や西洋梨を食べたり、枯れ葉の上で産卵飛行をしている絵で、自然下ではどこでも見られる風景ではあるが、惚れ惚れするような美しさで描かれている。

日本においても、アオハナムグリやシロテンハナムグリは最も身近な昆虫の一つであり、公園や野外で容易に観察することができる。近年は、南西諸島からの移入種であるリュウキュウツヤハナムグリも、都内湾岸部の公園で見られるようになった。改めて観察すると、これだけの美しい甲虫が身近に飛んでいることが奇跡のように思えてくる。

都市部から離れ、山地に足を運ぶと、オオトラフハナムグリに出会うことができる。オスは派手な縞模様をしているが、メスは全身真っ黒である。どこにでもいる種ではなく、ハチのように超高速で飛び回るので、採集はなかなか厄介だ。8月中旬に小国町の林縁で花に集まっていたメスを採集できたが、オスはなかなか見つけることができなかった。６月下旬、村上市の鷲ヶ巣山の麓で、葉上に静止していたオスをようやく採集できた。

　さらに標高を上げて亜高山帯のお花畑まで足を運ぶと、国内最美種のハナムグリである、アオアシナガハナムグリが待っている。体長は20ミリ前後で、赤紫の胸部に角張ったフラットグリーンの翅を持ち、クラシックカーのような渋い魅力を放っている。１８８７年に日光で採集された個体を基に記載された。

　本種もなかなか見つからない種で、昆虫仲間のＴさんから「胎内のトイレの脇に落ちていましたよ」という情報を聞いて探しに行ったが、影も形もない。やはりきちんと亜高山帯まで行かねば、と決意して、７月下旬、車で片道３時間半をかけて、新潟県における昆虫の聖地の一つである糸魚川市の蓮華《れんげ》温泉を訪れた。

　林道を進んでいくと、標高１４００メートル地点にあるシシウドやリョウブのお花畑に、マルガタハナカミキリやミドリカミキリに混じって大量の本種が集っていた。人を恐れないのか、近づいても全く逃げようとしない。眼前に広がる夢のような光景に、熊田氏の作品世界に迷い込んだような錯覚を覚えた。絵本の世界の住人のような、不思議な魅力を持った名虫である。

49 アヤスジミゾドロムシ

カナヅチの能力者

水の澄んだ渓流や河川に棲むドロムシの仲間は、「泳げない水生甲虫」という矛盾した存在である。ゲンゴロウやガムシのように水中を遊泳することはできず、ひたすら川の底の石や流木にしがみついて、それらに生える藻《も》などを食べて細々と生きている。

ほとんどの種が数ミリ程度の極小サイズであり、一般的な知名度は皆無に等しいが、近年、形態の面白さやカッコよさに注目が集まるようになり、愛好家も増えている。

ドロムシの世界は、クワガタやタマムシなどのミーハーな甲虫に飽きた愛好家がたどり着く漂着の浜辺でもある。ゴマ粒よりも小さい虫を捕まえて、ルーペで観察しながら「これはレアですよ！」と騒いでいる人たちを見ると、その境地にたどり着きたいような、たどり着きたくないような、複

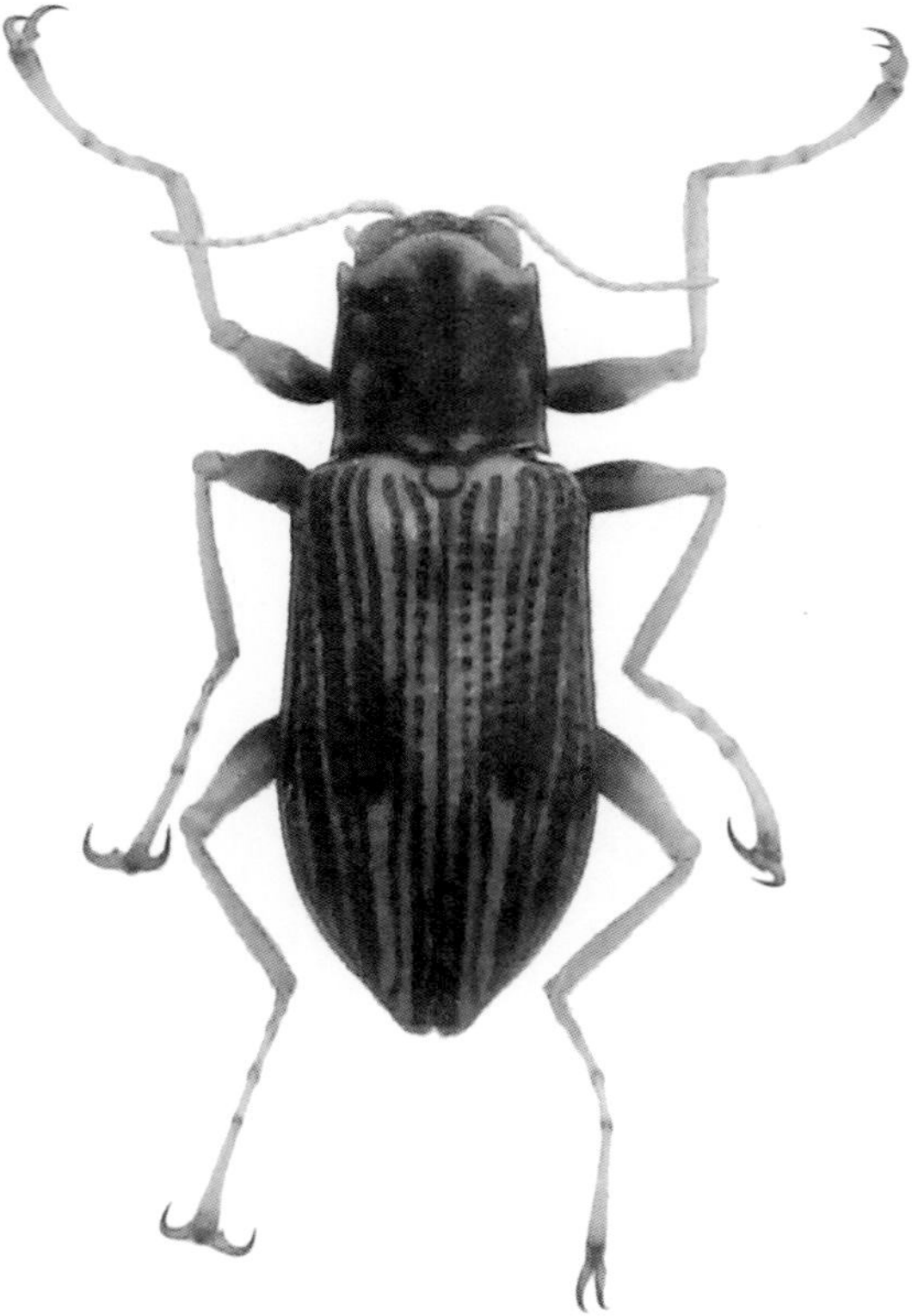

成虫の標本。クモのように長い脚と鋭い爪を持つ。

雑な気持ちになる。

日本固有種であるアヤスジミゾドロムシは、体長3ミリ程度の小さい甲虫だが、クモのように長い脚を持ち、ヒメドロムシ科の中では「大型種」に分類されるサイズだ。上翅の点刻列に沿って淡い黄色の条《すじ》が走り、長い脚も同じく淡い黄色の輝きを放つ。ドロムシの中でも屈指の美麗種として知られている。悪魔の実を食べて泳げなくなってしまったゴム人間のような甲虫である。

本種は、戦後まもない時代に山形県で得られた個体に基づいて新種記載されたが、それ以降は、主に灯火に飛来した個体の単発的な記録が見られるだけで、ヒメドロムシ科の最稀少種として知られていた。

ヒメドロムシのように、川底の流木を生活の場にするような昆虫は、上流にダムが出来て下流に流木が流れてこなくなると、住処や餌場を失ってしまう。適度に氾濫《はんらん》し、倒木が流れてくるような河川を好む昆虫はたくさんいるが、そうした河川は水害を引き起こすため、治水の対象になる。ヒメドロムシの暮らしを人間の命よりも優先するわけにはいかないので、悩ましいところだ。

そうした中でも、近年になって、アヤスジミゾドロムシは愛知県矢作川、島根県斐《ひ》伊《い》川《かわ》、新潟県信濃川などで発見されており、成虫だけでなく、幼虫の発見記録も増えてきた。

本種の幼虫は、成虫と同様に流木などにしがみついて生活していると考えられている。体長は3〜5ミリ程度で、尾端に出し入れ可能な毛束状のエラを持つ。かつては島根県でしか発見されていなかったが、他の地域でも確認されるようになっている。今後の調査によって分布域が広がる可能性も高い。

昆虫学者の馬場金太郎氏は、ヒメドロムシの生態を徹底的に研究し、「ふんどし採集法」なる方法を編み出した。泳げないヒメドロムシは、いったん流されると、その発達した爪で何かにしがみつく習性がある。これを利用して、フンドシ状の長い布や網を水中に設置しておき、その上流の河床をガサゴソ歩き回ると、自動的にヒメドロムシがふんどしにしがみつき、採集できるという理屈だ。

ヒメドロムシの仲間は、分布状況や幼虫期の生態、生息環境との関係など、まだまだ未解明の部分が多い。野外で蛹を見つけることすら、非常に難しい。伸びしろだらけの空白地帯だと言える。

意外と身近な河川にも生息している「カナヅチの能力者」に関心を持つ人が増え、全国のあちこちの河川の中に「ふんどし」がたなびく日も近いのかもしれない。

50

ダイミョウヒラタコメツキ

「大名採集」で掬《すく》い取れ

「ミカド」アゲハや「サムライ」アリ、「アミダ」テントウなど、和の雰囲気を感じる名前の昆虫は少なくない。幕末に来日したイギリスやオランダの愛好家が採集し、彼らにとってエキゾチックに感じた日本的な名前をつけたのだろうと言われている。ちなみに、「ヨコヅナ」サシガメは、その名に反して外来種＝外国人横綱である。

サムライたちのボスである「ダイミョウ」の名を冠する昆虫たちもいる。ハエ界の大名がダイミョウガガンボ、蝶界の大名がダイミョウセセリだとすれば、甲虫界の大名はダイミョウヒラタコメツキであろう。オレンジ色の翅に黒い斑紋を持つ、美しいコメツキだ。武士の正装であった裃《かみしも》には、背中と両胸、腰の合計4箇所に家紋が入っているが、それが本種の鞘翅にある4つの斑紋に重なって見えたのかもしれない。

209　メスの成虫標本。上翅のオレンジは、死後色褪せてしまうことも多い。

体長10～13ミリの小型種であり、「ダイミョウ」と呼ぶには名前負けしている感があるかもしれない。図鑑には必ず載っている有名な種だが、これまで一度も見たことがない、どこでどうやって採れば良いのかわからない、という人も多いだろう。

オスは春先にカエデの花を掬うと採れる。メスはカエデの花が終わった後、サワフタギやウワミズザクラの花に集まる。どこにでもいる種というわけでもないが、根気よく山地や高原で花を掬い続けていれば、いつか必ず採れる種である。

先輩の採集家に生息しているポイント（虫が集まる樹木）まで案内してもらい、そこで採集することを「大名採集」と呼ぶが、本種に関しては、その名の通り、最初は大名採集をさせてもらって、採り方を学ぶほうが早いかもしれない。

カエデは秋の紅葉が有名であり、春先に花が咲くということ自体、一般の人には知られていない。カエデの花は地味で、咲く期間も短いが、１９５０年代頃から、その「集虫力」の高さが甲虫の愛好家から注目されるようになった。

カエデの花を掬うためには、5～6メートル程度の長竿《ながさお》が必要になる。これがないとダイミョウヒラタを始め、花に集まる甲虫を採るのは難しい。ホームセンターで売っている1~2メートル程度の捕虫網しか持っていない人は、本書を読み終えた後、すぐにオンラインショップで長竿を入手して欲しい。これがあれば、ダイミョウヒラタだけでなく、色鮮やかなハナカミキリやトラカミキリの仲間、小型美麗種の揃うナガタマムシの仲間、樹上性のヨツボシヒラタシデムシなど、これまで図鑑でしか見たことのなかった虫たちが、次々に自力で簡単に採れるようになる。長竿の入手前と入手後で、世界が180度変わることを保証しよう。

コメツキムシの幼虫は「針金虫」とも呼ばれ、他の小昆虫や植物の根を食べて育つ。円筒形で強力な顎を持ち、朽木の中でクワガタやカミキリなどの幼虫を屠り、果ては越冬中のスズメバチの女王まで貪るフードファイターのような幼虫もいる。クワガタの冬季採集で、朽木を割ったら巨大なコメツキの幼虫が躍り出てきた時の絶望感は筆舌に尽くしがたい。クワガタハンターにとっては不《ふ》倶《ぐ》戴天《たいてん》の敵のような存在である。

食うか食われるかの過酷な戦国時代を生き抜いた幼虫だけが、大名となって外の世界に羽ばたき、カエデの花上で我が世の春を謳歌《おうか》することができる。そう考えると、ダイミョウヒラタコメツキも、決して名前負けしている甲虫ではない。

写真提供者一覧

森上信夫　3マルタンヤンマ／4ハッチョウトンボ／5クギヌキハサミムシ／7トノサマバッタ／12ハラビロカマキリ／14クマゼミ／16アカスジキンカメムシ／17オオスズメバチ／19クロオオアリ／20ヘビトンボ／22キバネツノトンボ／25マイマイカブリ／26ハンミョウ／30ゲンゴロウ／31オオミズスマシ／33ヨツボシモンシデムシ　34オオクワガタ／37ミヤマクワガタ／38ヒメオオクワガタ／39ヒラタクワガタ／41オオセンチコガネ／44カブトムシ／45コカブト

新開孝　2ムカシトンボ／6セッケイカワゲラ／8カンタン／9ヒノマルコロギス／10ツダナナフシ／11ガロアムシ／13ヒメマルゴキブリ／18オオセイボウ／21オオカマキリモドキ／27ツシママカブリモド

キ／47オオチャイロハナムグリ

鈴木知之　1オオシロカゲロウ／23スズメバチネジレバネ／32ルリコガシラハネカクシ／35ルリクワガタ／36マグソクワガタ／40オニクワガタ／42ミヤマダイコクコガネ／48アオアシナガハナムグリ／50ダイミョウヒラタコメツキ

法師人響　15ウミアメンボ／29アシナガメクラチビゴミムシ／43オオヒゲブトハナムグリ／46オオコブスジコガネ

旭夢稀　24オオルリオサムシ

片岡宏樹　28オオヒョウタンゴミムシ

真嶋豪　49アヤスジミゾドロムシ

表表紙：森上信夫　裏表紙：新開孝　表帯：法師人響　裏帯：森上信夫

前ソデ：新開孝　後ソデ：新開孝

本巻・別巻の参考文献

青木淳一『ホソカタムシの誘惑』（東海大学出版会・２００９年）

秋田勝己・益本仁雄『日本産ゴミムシダマシ大図鑑』（むし社・２０１６年）

天野和利『昆虫記者のなるほど探訪』（時事通信社・２０１４年）

安藤喜一『カマキリに学ぶ』（北隆館・２０２１年）

石塚勝己『世界のカトカラ』（むし社・２０１１年）

井手竜也『昆虫学者の目のツケドコロ　身近な虫を深く楽しむ』（ベレ出版・２０２１年）

磐瀬太郎『日本蝶命名小史』（築地書館・１９８４年）

内山昭一監修、21世紀の食調査班編『食べられる虫ハンドブック』（自由国民社・２０１３年）

江崎悌三『江崎悌三著作集　第三巻』（思索社・１９８４年）

大場裕一・大澤省三・昆虫ＤＮＡ研究会編『遺伝子から解き明かす昆虫の不思議な世界』（悠書館・２０１５年）

大町文衛『日本昆虫記』（朝日新聞社・１９４１年）

大桃定洋『タマムシの魅力　癒やしはムシとタイ』（むし社・２０１６年）

奥本大三郎『虫の宇宙誌』（青土社・１９８１年）

奥本大三郎『蟲の饗宴　僕はこうして虫屋になった』（世界文化社・２０１７年）

奥山風太郎『図鑑日本の鳴く虫』（エムピージェー・２０１８年）

尾園暁・川島逸郎・二橋亮『日本のトンボ　改訂版』（文一総合出版・２０２１年）

柏原精一『昆虫少年記』（朝日新聞社・１９９６年）

加藤陸奥雄・沼田真監修、朝比奈正二郎編著『滅びゆく日本の昆虫50種』（築地書館・１９９３年）

金子修治・鈴木紀之・安田弘法編著『博士の愛したジミな昆虫』（岩波ジュニア新書・２０２０年）

川上洋一著、上田恭一郎監修『世界珍虫図鑑　改訂版』（柏書房・２００７年）

川那部浩哉監修、八尋克郎編『オサムシ　飛ぶことを忘れた虫の魅惑』（八坂書房・２００８年）

川村俊一『昆虫採集の魅惑』（光文社新書・２００２年）

川村俊一『虫に追われて　昆虫標本商の打ち明け話』（河出書房新社・２００９年）

岸田泰則編著『世界の美しい蛾』（グラフィック社・２０１９年）

北杜夫『どくとるマンボウ昆虫記』（新潮文庫・１９６６年）

北杜夫『マンボウ思い出の昆虫記　虫と山と信州と』（信濃毎日新聞社・２０１３年）

国松俊英『ゲンジボタルと生きる　ホタルの研究に命を燃やした南喜市郎』（くもん出版・１９９０年）

熊田千佳慕『ファーブル昆虫記の虫たち１』（小学館・１９９８年）
熊田千佳慕『熊田千佳慕のクマチカ昆虫記』（求龍堂・２０１０年）
栗田貞多男『オオムラサキ　日本の里山と国蝶の生活史』（信濃毎日新聞社・２００７年）
栗田昌裕『謎の蝶　アサギマダラはなぜ未来が読めるのか？』（ＰＨＰ研究所・２０１４年）
栗田昌裕『謎の蝶　アサギマダラはなぜ海を渡るのか？』（ベスト新書・２０１８年）
小岩屋敏『チョウを追う旅』（宮日文化情報センター・２０１４年）
小島渉『不思議だらけカブトムシ図鑑』（彩図社・２０１９年）
小林秀紀編『日本の冬夜蛾』（むし社・２０１６年）
小山重郎『昆虫と害虫　害虫防除の歴史と社会』（築地書館・２０１３年）
近藤信行『安曇野のナチュラリスト　田淵行男』（山と渓谷社・２０１５年）
税所康正『セミハンドブック』（文一総合出版・２０１９年）
阪本優介『テントウムシハンドブック』（文一総合出版・２０１８年）
佐々治寛之『テントウムシの自然史』（東京大学出版会・１９９８年）
志賀夘助『日本一の昆虫屋』（文春文庫ＰＬＵＳ・２００４年）

柴田叡弌・富樫一巳編著『樹の中の虫の不思議な生活　穿孔性昆虫研究への招待』（東海大学出版会・２００６年）

白水隆『日本産蝶類標準図鑑』（学研・２００６年）

新開孝『うまれたよ！カメムシ』（岩崎書店・２０１６年）

須田真一・山崎剛史著、矢後勝也編著『珠玉の昆虫標本　江戸から平成の昆虫研究を支えた東京大学秘蔵コレクション』（東京大学出版会・２０１９年）

瀬戸口明久『害虫の誕生　虫からみた日本史』（ちくま新書・２００９年）

高桑正敏編著『ベニボシカミキリの世界』（むし社・１９９８年）

高桑正敏・中林博之・小林敏男編『日本のコブヤハズカミキリ』（むし社・２０２０年）

高嶋清明『鳴き声から調べる昆虫図鑑』（文一総合出版・２０１８年）

舘野鴻『しでむし』（偕成社・２００９年）

舘野鴻『ぎふちょう』（偕成社・２０１３年）

舘野鴻『つちはんみょう』（偕成社・２０１６年）

舘野鴻『がろあむし』（偕成社・２０２０年）

塚本珪一・稲垣政志・河原正和・森正人『ふんコロ昆虫記』（トンボ出版・2009年）
塚本珪一・稲垣政志・河原正和・森正人『日本のオオセンチコガネ』（むし社・2014年）
塚本珪一・稲垣政志・河原正和・森正人『日本のセンチコガネとその仲間』（むし社・2017年）
塚本珪一・稲垣政志・河原正和・森正人『日本のダイコクコガネの仲間』（むし社・2019年）
筑波大学山岳科学センター菅平高原実験所編、町田龍一郎監修『蟲愛づる人の蟲がたり』（筑波大学出版会・2019年）
中島淳・林成多・石田和男・北野忠・吉富博之『日本の水生昆虫』（文一総合出版・2020年）
中島秀雄・小林秀紀『日本の冬尺蛾』（むし社・2017年）
永幡嘉之『白畑孝太郎　ある野の昆虫学者の生涯』（無明舎出版・2007年）
永幡嘉之『巨大津波は生態系をどう変えたか』（講談社・2012年）
中村圭一『たくましくて美しい糞虫図鑑』（創元社・2021年）
日本昆虫協会監修『ニッポンのヘンな虫たち』（学研プラス・2011年）
ぬまがさワタリ『超図解　ぬまがさワタリのふしぎな昆虫大研究』（KADOKAWA・2019年）
長谷川大編著『日本のゼフィルス』（むし社・2020年）

鳩山邦夫『チョウを飼う日々』（講談社・１９９６年）
馬場金太郎・平嶋義宏編『新版　昆虫採集学』（九州大学出版会・２０００年）
林成多『日本のネクイハムシ』（むし社・２０１２年）
林正美・税所康正編著『日本産セミ科図鑑』（誠文堂新光社・２０１１年）
平嶋義宏・広渡俊哉編著『教養のための昆虫学』（東海大学出版部・２０１７年）
福岡伸一『ルリボシカミキリの青』（文藝春秋・２０１０年）
福岡伸一『ツチハンミョウのギャンブル』（文藝春秋・２０１８年）
藤田宏『藤田宏の解体虫書』（むし社・２０１３年）
藤田宏・平山洋人・秋田勝己『日本産カミキリムシ大図鑑Ⅰ』（むし社・２０１８年）
藤田宏・平山洋人・秋田勝己『日本産カミキリムシ大図鑑Ⅱ』（むし社・２０２３年）
保科英人・宮ノ下明大『大衆文化のなかの虫たち　文化昆虫学入門』（論創社・２０１９年）
前野ウルド浩太郎『バッタを倒しにアフリカへ』（光文社新書・２０１７年）
丸沢丸『超危険！スズメバチＬＩＦＥ』（講談社・２０１９年）
丸山博紀・花田聡子編『原色川虫図鑑（成虫編）』（全国農村教育協会・２０１６年）

丸山宗利『アリの巣をめぐる冒険』（東海大学出版会・２０１２年）
丸山宗利・小松貴・工藤誠也・島田拓・木野村恭一『アリの巣の生きもの図鑑』（東海大学出版会・２０１３年）
丸山宗利監修『学研の図鑑ＬＩＶＥ昆虫　新版』（学研プラス・２０２２年）
水上みさき著、海野和男監修『湿地に生きるハッチョウトンボ』（偕成社・２００５年）
水沼哲郎『ヤンバルテナガコガネ』（朝日出版社・１９８４年）
皆越ようせい『ハサミムシのおやこ』（ポプラ社・２００８年）
見山博『暗闇の生きもの摩訶ふしぎ図鑑』（保育社・２０１１年）
森正人・北山昭『改訂版　図説日本のゲンゴロウ』（文一総合出版・２００２年）
森上信夫『散歩で見つける　虫の呼び名事典』（世界文化社・２０１３年）
森上信夫『虫のオスとメス、見分けられますか？』（ベレ出版・２０２２年）
盛口満『テントウムシの島めぐり　ゲッチョ先生の楽園昆虫記』（地人書館・２０１５年）
矢島稔『虫に出会えてよかった』（フレーベル館・２００４年）
矢島稔『心にひびけ　カンタンの声』（偕成社・２００７年）
安田守『イモムシの教科書』（文一総合出版・２０１９年）

エリカ・マカリスター『蠅たちの隠された生活』（X-Knowledge・２０１８年）

『OSAMUSHI』Vol.1（２０２１年）、Vol.2（２０２２年）

C・P・ツュンベリー『江戸参府随行記』（平凡社・１９９４年）

シュナック『蝶の生活』（岩波文庫・１９９３年）

リチャード・ジョーンズ『ビジュアル　世界一の昆虫』（日経ナショナルジオグラフィック社・２０１０年）

ロバート・フォーチュン『幕末日本探訪記　江戸と北京』（講談社学術文庫・１９９７年）

注

i 月刊むし（２０２１年2月号）Ｎｏ．６００ｐ41

ii 昆蟲（ニューシリーズ）「豊年蟲　オオシロカゲロウ」研究の50年：大量発生を引き起こす一斉羽化と地理的単為生殖　関根一希・渡辺直・東城幸治（２０２０年23巻４号）

iii 月刊むし（１９８８年7月号）Ｎｏ．２０９ｐ18

iv 昆虫と自然（２０１６年2月号）ｐ15

v 昆虫と自然（２００８年12月号）Ｐ31

vi むし岡だいき「沖縄で見つけた巨大コロギスを飼育するとすぐに…」（２０２２年7月31日）https://www.youtube.com/watch?v=KNgxsYPVXnY

vii 柳澤静磨『「ゴキブリ嫌い」だったけどゴキブリ研究はじめました』（イースト・プレス・２０２２年）P59－65

viii 昆虫と自然（２００９年7月号）P14－19

ix 月刊むし（２０２２年2月号）Ｎｏ．６１２ P49－50

x 内山旬人「キバネツノトンボの研究 2nd season －成虫の生態についてⅡ－」自然科学観察コンクール https://www.shizecon.net/award/detail.html?id=627

xi 昆虫と自然（２０１２年3月号）P21

xii 養老孟司「ミステリー中毒　虫の思い出話」（小説推理・２０２１年10月号）https://colorful.futabanet.jp/articles/-/993

xiii 月刊むし（２０２０年4月号）Ｎｏ．５９０ P40－44

xiv SAYABANE New Series. Ｎｏ．13（20 Mar. 2014）P32－33

xv 月刊むし（１９８６年7月号）Ｎｏ．１８５ P23－30

xvi 月刊むし（１９９２年６月号）Ｎｏ．２５６ Ｐ４－10

xvii BE-KUWA（２０２２年秋号）Ｎｏ．85 Ｐ35

xviii 月刊むし（２０１９年12月号）Ｎｏ．５８６ Ｐ25－26

xix 月刊むし（１９８０年９月号）Ｎｏ．１１５ Ｐ14－15

xx 月刊むし（１９９６年８月号）Ｎｏ．３０６ Ｐ４－９

坂爪真吾（さかつめ・しんご）
1981年新潟市生まれ。越佐昆虫同好会会員。NPO法人風テラス理事長。本業のNPO経営の傍ら、地元の新潟県内各地の野山で昆虫採集に励んでいる。好きな甲虫はオオセンチコガネ。東京大学文学部卒。近著に『ツイッターで学ぶ「正義の教室」』（晶文社）など。Twitter　@gatakon1130

日本《にほん》百《ひゃく》名《めい》虫《ちゅう》

フォトジェニックな虫たち　文春新書1415

2023年7月20日　第1刷発行

著　者　坂爪真吾
編　集　石橋俊澄
デザイン　中川真吾
発行者　大松芳男
発行所　株式会社　文藝春秋
〒102-8008　東京都千代田区紀尾井町3-23
TEL　03-3265-1211（代表）
印刷所　大日本印刷
製本所　大口製本

ISBN978-4-16-661415-8